日本酒党の視点

山本祥一朗 著

技報堂出版

はじめに

世相の移り変わりとともに酒の業界の動きも目まぐるしい。

そんな近頃の動きについては、第一章で酒税法の改正一覧とともに述べてあるが、そこに至るまでの流れをここで少し触れておく。

かつてのビールの圧倒的なシェアが発泡酒、第三のビールに押されている事情は後述のとおりだが、消費者の嗜好が多様化したこともあって、それに対応してビール業界が総合的な酒類事業に乗り出していった。アサヒビールが旭化成や協和発酵工業の酒類関連事業を買収したのは端的な例だが、キリンでも系列の旅行会社などを切捨ててメルシャンのワイン部門を吸収して飲食関連事業の充実を図り、サントリーは昨今の焼酎ブームを見越して既存の焼酎メーカーと提携するなどして、それぞれが実績をあげている。

このような業界激動の中で日本酒は果たしてどうか。日本酒の消費は年を追って減っていたが、ここにきて底打ちの感があることはデータで示されている。さて、これから日本酒の消費はどのように展開するだろう。

ところで、どんなに嗜好が多様化しようとも、わが国で長年にわたって培われ愛飲されてきた日本酒である。この環境風土に生きる日本人の体質に最も合って然るべき酒類のはずなのだ。

私は、自分では日本酒党だと思っている。

晩酌に日本酒(時には単式蒸留焼酎)を欠かしたことはない。海外へ出る際にも日本酒は必ず携帯する。自分の飲み分もあるが、外国人の日本酒評を聞いてみたいためでもある。私が海外へ持参するのは日本酒だけではない。滞在の日数に応じて和食も携帯する。というのも、私は日に一度は和食を口にしないと、どうも体調が思わしくないからである。したがって、真空パックの米飯、海苔、醤油、インスタント味噌汁など最小限の和食風味を持っていき、朝食の際にボーイとコックにチップを渡して準備してもらう。趣味は観世流謡曲、カラオケなら演歌がメインときては、わが日本の色にすっかり染まっているといってもいい。

たまにワイン、ウイスキーも飲まないではないが、そんな時にも日本酒党としての視点、味評価が基準となっているように思われる。私の処女作が出てからこれまでの40年の間に監修や共著も含めると本書が丁度50冊目となり、それらの多くは日本酒をテーマとしている。

第二章では蔵元や流通などのデモンストレーションを取り上げた。

私の処女作が出た頃にはほとんど見られなかった現象である。純粋日本酒協会が愛飲家の集いを初めて催したのが1973年だ。それまでにも秋田の酒まつりとか、千福の会などあるにはあったが、昨今ほどに仰々しくはなかった。

ここではそのようなキャンペーンの具体例を、私の見たままに記述した。それらを客観視すると、このような催しにかかる費用、その効果などがかなりまちまちであることがよくわかる。

次の第三章は、これから注目度が増すであろう古酒こと、長期熟成酒についての紹介である。この種の酒ばかりは容易に造れるものではないだけに、先駆者の苦労は消費者にも大いに参考になろう。

第四章では醸造酒である日本酒とは反対の極にある蒸留酒にスポットを当てて、それを世界に目を向けたものである。私の前著ではフィリピンのランバノグや中国の茅台酒などに触れたが、ここではポルトガルのポートやマディラ、中国の濾州老窖、汾酒などを訪ね、そこでの嗜好の差異、現地の人たちの日本酒評などに言及している。

これから先、日本酒を世界に広めるためには是非とも知っておきたい異国の嗜好の一端である。

第五章には1年余りの間に巡った100蔵元ほどを紹介してあるが、きっかけはこうだ。王子の北とぴあでの講演会へ行った際、階上の試飲室に並んだ一般市販酒の中に値段の安いわりに旨い酒があったのでそのことを随筆で書いた。すると反響があったらしくて、蔵元から取材に来てほしいと言われた。講演に行ったついでとか、足の便のいいところなら簡単だが、その地方へ出掛けることはめったにない。すると、謝礼をいくら出せば来てもらえるか、とのことだったので、謝礼は要りません、身体さえ空いていればアゴ、アシの実費で伺いましょう、と返事した。そこで取材後、雑誌など二、三に書いたところ、他の地方からも、アゴ、アシだけで来てくれるなら当方へも、と言われたことから次々と続いた。見てほしいと仰るところはそれなりに自信がおありになる筈である。ただ、私の意に添わないところは丁重にお断りしてきた。それにしても、40年ほど前には自前でせっせと名も無き地方の酒の発掘に精出していたのを思うと隔世の感がある。

日本酒党といえども、ビールは嫌いではない。第六章はそのビールの内容についての考察である。私はTPOに応じてビールをチェーサー代わりに飲むこともある。ただ、「日本酒で乾杯百人委員」などという肩書きを頂戴した今では、道義上からも集会での「乾杯」にビールは口にしなくなった。

根っからの日本酒党であっても、その殻の中に閉じこもって井の中の蛙だけにはなるまい、と思っている。他の酒類も数多く識った上で、日本酒に対しても常に冷静な視線を保つよう努めながら愛飲を続けたい。

2007年1月

もくじ

第四章　日本酒党の嗜好を広げるか、変り種焼酎考　37

第五章　酒蔵の独自色を全国に探す　57

第六章　ビールの技術はここまで進んだ

第一章　酒の世界はどう変わったか

どんな酒がどの程度消費されているか、その概要を知り、２００６年5月の税制改正でどのようになったか、飲酒の変わりようなどのポイントを見てみる。

全酒類の概況は？

現在のわが国で酒がどの程度生産され、それらがどんなシェアであるのかをみてみよう。

国税庁が２００６年に発表した前年の酒類課税出荷数量は、全酒類合計が９５４１万８８２９キロリットルで、これは対前年比０・０５％の微減となっている。最も多いのはビールで、全酒類のうちの4割弱である。かつては6割以上だったが、それは発泡酒や第三のビールなどの新しいジャンルの酒類が増えたためで、これらも発泡性酒類としてビールの範疇に加えるとやはり6割を超える。

焼酎はホワイトリカーとも呼ばれる甲類（5月の税制改正以降は連続式蒸留焼酎）と、本格焼酎の乙類（同じく単式蒸留焼酎）の合計が、全酒類の1割強。日本酒にいたっては1割以下の8分《ぶ》にも満たない。ワインやウイスキーなどはそれ以下である。思いのほか多めなのがリキュール類で、これは日本酒を少々凌《しの》いでいる。

酒類の分類は4種類に

ところで、酒税が改正されたことはご存知のとおりである。ビールの税金をほんのちょっぴり値下げする一方で、反対に第三のビールなどは増税した。さらには日本酒の税金を下げて、ワインとの従来の格差を少なくした。

そしてこれまでの酒類の分類が10種類であったものを、①発泡性酒類、②醸造酒類、③蒸留酒類、④混成酒類の4つの区分とした。したがって、①にはビール、発泡酒、第三のビールが含まれ、②が日本酒、ワイン、その他の醸造酒、③が焼酎、ウイスキー、ブランデー、スピリッツ、④がリキュール、甘味果実酒、みりん、雑種などとなっている。

飲酒事情はどう変わったか

早い話、日本酒は一升瓶で37円ほどの減税である。だからといって、すべての蔵元がそのとおり値下げするとは限らず、「その分は内容に反映させます」というところもあ

酒税改正による酒の分類

発砲性種類	ビール、発泡酒、その他の発泡性酒類(ビール及び発泡酒以外の酒類のうちアルコール分が10度未満で発泡性を有するもの)
醸造酒類(注)	清酒、果実酒、その他の醸造酒
蒸留酒類(注)	連続式蒸留しょうちゅう、単式蒸留しょうちゅう、ウイスキー、ブランデー、原料用アルコール、スピリッツ
混成酒類(注)	合成清酒、みりん、甘味果実酒、リキュール、粉末酒、雑酒

(注)　その他の発泡性酒類に該当するものは除かれます。

酒類とその定義

品目区分	定義の概要
清　　酒	＊ 米、米こうじ、水を原料として発酵させてこしたもの(アルコール分が 22 度未満のもの) ＊ 米、米こうじ、水及び清酒かすその他政令で定める物品を原料として発酵させてこしたもの(アルコール分 22 度未満のもの)
合成清酒	＊ アルコール、しょうちゅう又は清酒とぶどう糖その他政令で定める物品を原料として製造した酒類で清酒に類似するもの(アルコール分が 16 度未満でエキス分が 5 度以上等のもの)
連続式しょうちゅう	＊ アルコール含有物を連続式蒸留機により蒸留したもの(アルコール分が 36 度未満のもの)
単式しょうちゅう	＊ アルコール含有物を連続式蒸留機以外の蒸留機により蒸留したもの(アルコール分が 45 度未満のもの)
み り ん	＊ 米、米こうじにしょうちゅう又はアルコール、その他政令で定める物品を加えてこしたもの(アルコール分が 15 度未満でエキス分が 40 度以上等のもの)
ビ ー ル	＊ 麦芽、ホップ、水を原料として発酵させたもの(アルコール分が 20 度未満のもの) ＊ 麦芽、ホップ、水、麦その他政令で定める物品を原料として発酵させたもの(アルコール分 20 度未満のもの)
果 実 酒	＊ 果実を原料として発酵させたもの(アルコール分が 20 度未満のもの) ＊ 果実、糖類を原料として発酵させたもの(アルコール分が 15 度未満のもの)
甘味果実酒	＊ 果実酒に糖類、ブランデー等を混和したもの
ウイスキー	＊ 発酵させた穀類、水を原料として糖化させて発酵させたアルコール含有物を蒸留したもの
ブランデー	＊ 果実、水を原料として発酵させたアルコール含有物を蒸留したもの
原料用アルコール	＊ アルコール含有物を蒸留したもの(アルコール分が 45 度を超えるもの)
発 泡 酒	＊ 麦芽又は麦を原料の一部とした酒類で発泡性を有するもの(アルコール分が 20 度未満のもの)
その他の醸造酒	＊ 穀類、糖類等を原料として発酵させたもの(アルコール分が 20 度未満でエキス分が 2 度以上等のもの)
スピリッツ	＊ 上記のいずれにも該当しない酒類でエキス分が 2 度未満のもの
リキュール	＊ 酒類と糖類等を原料とした酒類でエキス分が 2 度以上のもの
粉 末 酒	＊ 溶解してアルコール分 1 度以上の飲料とすることができる粉末状のもの
雑　　酒	＊ 上記のいずれにも該当しない酒類

る。またビールや発泡酒、第三のビールなどについても、流通の段階などで改正どおりに計られているとは限らない。

日本酒の消費はここ10年ほどは連続して減少したが、下げ止まりからやや上昇の気配である。いっときの芋焼酎ブームの現象は落ち着きをみせてきた。ワインはボージョレー・ヌーボなどで騒がれたが、今は輸入過剰で、年が明けてもその在庫を抱えたところも多い。ウイスキーについては、減少傾向が続いているが、そんな中でこだわりのモルトウイスキーだけが健在といった感じである。

嗜好品は世情をよく反映するが、酒も例外ではない。世界的に見ても高濃度の酒の需要は次第に減り、ビールや低濃度のリキュールなどがよく飲まれる風潮である。中国の白酒《ぱいちゅう》こと蒸留酒や、ロシアのウォッカなどがアルコール度を落とし、いずれの国でもビールが驚異的な伸びを見せている。ビールの国内消費におけるプレミアムなものと低価格なものとの二極化現象については第六章で詳述する。

第二章　蔵元、流通などのデモンストレーション

酒造メーカーや流通、組合、任意団体などで催される行事にはどんなものがあり、どのように人が集まるのだろうか。

酒のキャンペーンは、いろんな形で催される。筆者が列席したそのような会の一部を綴ってみよう。酒の催事に関心ある人には参考になるのではないだろうか。ただし、中には恒例ではなく一度限りのものもある。

素人唎酒選手権の日、近くでの催事

０５年１０月２７、２８日の夕刻、大手町サンケイビル１階の屋外広場で『秋あがりの日本酒とジャズの夕べ』が開かれた。梅錦、天鷹、黒帯、奥の松、吟雪、嘉泉……など２０の蔵元の酒の試飲、販売と併せてジャズのライブもあるという催しで、勤め帰りのＯＬなどの多くが足を止めていた。主催はＮＰＯ法人「ウィメンズ日本酒の会」で、筆者は初めて顔を出したが、年に２、３度催すこともあるという。

酒の並ぶ一角には酒瓶を紙で包んだ状態の焼酎、梅酒の人気投票（写真）のコーナーもあり、酒を

取り扱っているのは港酒販。その日はちょうど日本酒造組合中央会の素人唎酒選手権大会の全国決勝戦が側のサンケイビル会館で行われていたため、辰馬会長をはじめに中央会の役員の多くも帰途に立ち寄っていた。優勝は佐賀県、個人優勝は三重県の人などといった情報などもすぐに広がっていた。

大吟醸の袋吊りも人気を呼ぶ

毎年秋も深まると目黒・雅叙園で『新・司牡丹の会』が開かれる。いつも申込みがあふれ、４階の大広間１９４席は満杯となる。宴会の前には、狂言、操り人形、講談などいろいろな趣向の演し物があるが、０５年はアンダルシアの古典楽器とフラメンコ・ギターの共演。料理は和食のフルコースで、酒は司牡丹の全製品が並ぶ。

宴半ばに「大吟醸・袋吊り」（酒税法上問題ない処置）が舞台に登場し、自由に汲むこともできる。この日のお土産は、その時放送されていたＮＨＫ朝の連続ドラマ『風のハルカ』の雑誌。ここには自然農法で話題の永田照喜治氏の紹介がある。それというのもこのドラマの終盤に永田農法による農作物が登場することに因《ちな》むとか。司牡丹にはこの永田農法による原料米を使った酒もあることから、話題には事欠かなかった。

袋吊りを自由に汲める趣向が面白い

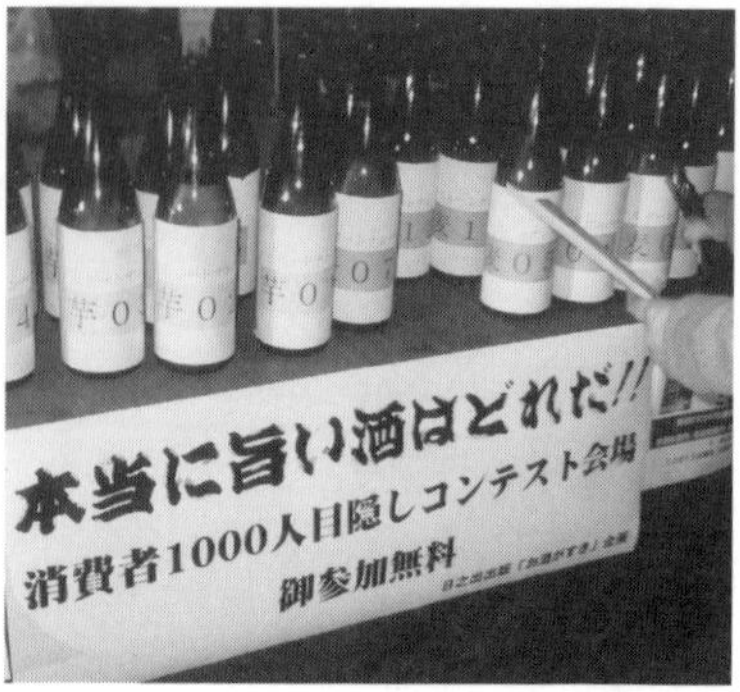

NPO 法人「ウィメンズ日本酒の会」が主催

さらに06年には作家・山本一力氏のサイン会があった。氏の作品に登場する土佐の酒にまつわるもので、さすがに経験豊富な氏は人気を集めていた。

貴州省の少数民族の酒サービス

茅台酒の本場を訪ねたのは03年だが、その貴州省から人民政府副省長を団長に32人の観光キャンペーン隊が来日した。それも大阪、名古屋、東京、北海道にかけてのデモンストレーションである。

芝の東京プリンスホテルで催されたのに顔を出した。スライドでのPRの後に少数民族であるミャオ族の舞踊なども披露され、後の宴会にはそのミャオ族の女性から水牛の角に入った茅台酒をサービスされた。これは現地の風習だそうだ。この日は中国のテレビ局のインタビューを受けて茅台の印象などを話したが、中国全土に放映されるとのことだった。

12年連続金賞のパーティー

05年10月29日の夜、飯田橋のイタリアンレスト

金賞酒を手にする藤尾正彦杜氏

ミャオ族の酒サービス

ラン・スクニッツオであさ開の全国新酒鑑評会12年連続金賞受賞記念パーティーが開かれた。金賞12年記念となればさぞかし多人数が集まるかと思いきや、抽選用に配った53枚のトランプカードくらいの人数に絞りこまれていた。それも同社の青木稔社長室長が講師を務める「青木酒塾」の人たちがほとんどだった。

あさ開の村井良隆社長、藤尾正彦杜氏をはじめとする蔵元のスタッフが、その年と前年の金賞受賞酒、純米大辛口・水神、純米吟醸・吟すずめ、純米の梅酒・梅花香などの説明を丁寧にやってくれた。この時、藤尾杜氏は60歳を出たばかりながら、普通なら70歳ほどの人が受賞する「現代の名工」の候補にも上がっていた。

「お酒で話しましょ」との呼びかけ

香川県・西野金陵の初しぼりの儀式を見てきた。1回目は多度津蔵で11月中旬に、2回目は琴平・金陵の郷で催された。その2回目である。この金陵の郷には1回目と同様に同社のスタッフ、酒販店、地元の愛飲家や観光客なども加わって、広い敷地からあふれるほどの人の集まりとなった。初しぼりや甘酒などの無料の振舞いに添えて、歌謡ショー、中国雑技団、こんぴら船々おどりの演し物など盛りだくさんで、10時半の神主のお祓い

金陵の郷での初しぼりの儀式（上）と主催者の挨拶（下）

に始まってから夕刻まで賑わった。

会の冒頭、同社・西野信也専務取締役の「お酒で話しましょ」という挨拶がよかった。酒を酌み交わすことで夫婦、親子、友人などの間での話し合いの機会を増やそうというわけだ。インターネットの普及もあってとかく対話の少なくなりがちな人々に、酒を媒介とすることで交流を深めようということである。金陵の昨今のキャッチフレーズは、この「お酒で話しましょ」となっている。

ボージョレーに並ぶ他の酒の試飲が魅力

メルシャンの本社ビル・ロビーでの恒例のボージョレー・ヌーボーの会へ顔を出した。日本酒で乾杯100人委員の一人としてワインの乾杯は困ったな、確かメルシャンは日本酒にも一部関与していたっけ?と思いながら行ってみたら、乾杯は終わっていた。参加はマスコミ関係など約200名で、旧知の顔ぶれも結構多かった。

アルベール・ビショー社のワインはフランス議会の御用達にもなっていて、英国の権威あるワイン誌のコンテストでは前年の同社の赤ワインが最高の栄冠を勝ち得た由。この年のボージョレーは軽めながら、確かにうまくまとまっていた。この催しに来ると同社の他の製品が試せるのもいい。かつては百萬両という日本酒があった由だが。よく熟成された軽井沢のウイスキーから、最近出たグレープフルーツ・ブリュー「スティング」のほろ苦く喉をくすぐる妙味まで試飲できた。

「ボージョレー・ヌーボーをどうぞ」(メルシャン)

若い女性の荒踏み

会津若松の末廣から「女性の荒踏みを見に来ませんか?」と声がかかったので、出かけてみた。

酒造りの工程では酒の母体となる酒母を造るのに、すでにでき上がっている速醸系酵母を入れる場合と、自然の状態で酵母菌を培養する生酛系酒母などの場合とがある。一般には速醸系酵母を使うところが多いが、最近はコシのしっかりとした酒質を練り上げるうえで後者の生酛系酒母を使うところもよく見られるようになった。生酛系酒母は蒸した米を木の棒ですりつぶす作業から始めるが、その前の段階で足で踏んでおけばその後の作業が進めやすいということから、荒踏みがあったわけだ。

ワインの場合もブドウをつぶす作業から始めることから、若い女性がそれに当たっている光景を写真や映像でご覧になったことがあるのではないだろうか。大昔は実際にあったそうしたワイン造りも、機械化された現代ではほとんど行われない。ただ作業をショーとして行うことがあり、末廣の荒踏みもそれだった。

荒踏みする乙女(末廣酒造)

かすりの着物を着た若い女性が3人、半分に切った形の桶(半切桶)の中の蒸した米を踏み砕く。その作業が15分ばかり続く。この荒踏みは毎年行われるそうだ。以前、テレビの取材があって、朝のお茶の間に生放送されたところ、大方は好評だったが、中には「口にいれるものを足で踏むとは何事か」と見当違いの意見が寄せられたこともあった、と蔵元は言う。こういう文句をいう人はワインの仕込みでブドウを踏み砕くイベントがあることもご存知あるまい。

さらに遡った大昔には口噛み酒というのがあり、乙女が口で米を噛み砕き、その唾液によって自然発酵させた酒が重用されたことさえあるのだ。

単独の地酒では最大の楽しむ会

東京・パレスホテルでの一ノ蔵の05年の「楽しむ会」は28回目。2日間に分かれていて、筆者の行った2日目はちょうど帝国ホテルでの紀宮さまの結婚式の当夜だった。帝国ホテルとパレスホテルはそれほど離れていない。なにしろ1回に800~900人の規模だから、1社の東京でのお披露目では最大の規模である。

製品の全部を試すことができたが、その時は燗酒が気に入ったので専《もっぱ》ら燗酒の前にいた。中でもひめぜんの燗は初めてだった。名門酒会の飯田博氏との立ち話で、氏は「初めに一ノ蔵との取引の際、私は3つの条件を出したんです。販売ルートは当社に限ること、東京に専従の要員を置くこと、そして年に1回は愛飲家のパーティーを開くことで、その3つの約束ができるなら500石を捌きます」、と約束したとの話だった。東京の会は06年もやはり一日900名で2日間だったが、申込みが多過ぎてやむなく500名以上をお断りせざるを得なかった由である。現在、一ノ蔵は東京や地元の他にも、大阪、名古屋、福岡、札幌などで愛飲家向けのパーティーを開き盛況だ。

一ノ蔵を楽しむ会(パレスホテル)

女性の蔵元のグループとモチ米の酒のこと

９８年に「蔵元女性サミット」というグループが発足した。提案したのは三重県上野市の妙の華という蔵元の女性で、主旨に賛同した女性たちが、提唱者であるこの蔵元の地元で第１回の蔵元女性サミットを開いた。その蔵元女性サミットの第３回が開かれたことのあった岩手県の紫波を取材で訪ねた。紫波は南部杜氏のメッカである石鳥谷の側にあって、多くの杜氏を全国へ送り出している。蔵元女性サミットを仕切ったのはこの町にある月の輪という酒蔵のお嬢さんだった。

横沢裕子さんは三人姉妹の長女だが、幼い頃は酒造りに関心がなく、東京へ出て服飾の勉強をしたという。その後、酒造りに励む肉親に感化されて家業を見直すようになり、広島にある独立行政法人・酒類総合研究所で勉強した。その甲斐もあり、月の輪では筆者が訪ねた際の７年間で６回も全国新酒鑑評会で金賞を得ていた。

筆者がこの酒蔵を訪ねたのは裕子さんの仕事ぶりと併せて、全国でも珍しいモチ米による酒造りを見たかったからだ。紫波はモチ米の生産量がわが国で最も多い土地でもある。モチ米にはねばりがあるので、酒造りの難しさが伴う。精米や蒸米、仕込みのタイミングには、それなりに神経を張りめぐらさなければならない。

早朝、蒸米を取り出し、ムシロに広げて冷却する作業から見せてもら

放冷を手伝う筆者(月の輪酒造店)

った。紺がすりの作業衣で白い鉢巻きを締めて、蔵人と一緒に立ち働く裕子さんは酒蔵で一段と輝いていた。「蔵元女性サミット」に参加する女性たちもまた、おそらくこの裕子さんのように酒蔵で生き生きと働いているのだろう。

月の輪は１０００石に満たない規模だが、特定名称酒の比率が高い旨酒志向の蔵元である。モチ米が醸す独特の柔らかさの酒はもちっ娘（７２０ミリリットル＝１８００円）と名づけられて発売されている。

宮城の酒、秋田の酒、ギリシアワイン

０６年２月７日は宮城の酒、８日は秋田の酒、９日にはギリシアワインと３日続けてお披露目会があった。７日は毎年この時期になると開かれる「仙台の夕べ」で、赤坂プリンスホテルに５００人を超える人が集まった。第一部は仙台にまつわる市街に縁のある知名士のディスカッション、第二部は仙台の味覚が揃ったレセプションである。

宮城県酒造組合の肝煎りで県産酒の全銘柄が揃い、組合のスタッフに加えて勝山、浦霞、三国一などのオーナーも列席した。３人の立ち話からはどの蔵元も意気軒昂。牛タンや笹かまぼこなどを肴に日本酒が大いに飲まれていた。他にニッカ、キリン、サッポロが宮城県に工場があるので出展していたが、キリンが並べた発売１週間前の発泡酒・円熟が目新しさから関心を集めていた。無論のこと、焼酎色は皆無だった。

８日に信濃町・明治記念館で開かれた秋田の酒・唎き酒会と

「仙台の夕べ」の宴会前（ホテルオークラ）

秋田の酒を楽しむ会は、前年の九段グランドパレスと同じ25社が参加。昼夜で750人。唎き酒会には学識経験者から流通業者なども参加した。秋田酒は近年になって水準を高めている。こまち酵母はそれほど多くなく、由利正宗のようにすべて自社酵母というのは例外として、9号、AK—1のほか、原料米には美山錦、吟の精、秋田酒こまちなども。精米は例外もあったが、大半は50%前後だけに当然値段もいい。そんな中で米を70%精米した高清水の製品は異色といえば異色。この蔵元は幕張メッセでも大吟醸や純米吟醸などが居並ぶ中でここだけ本醸造を前面に打ち出していた。その理由を聞くと、「県外などへはこれがよく出ていますから」とのことだった。

ギリシアワインについては講演と試飲会で白12種、赤10種が並んだ。甘口としての4種の説明があった後、ソムリエによるプレゼンテーションが行われた。EUの他の国に比べて、ギリシアはこれまでに訴えの弱いきらいがあったが、これからは力を入れようという姿勢である。

ギリシアには「ケラスマ」という言葉があり、これは「ご馳走する」という意味である。それにしてはワインの大々的なデモンストレーションのわりに料理

ギリシア ワインの会（赤坂プリンスホテル）

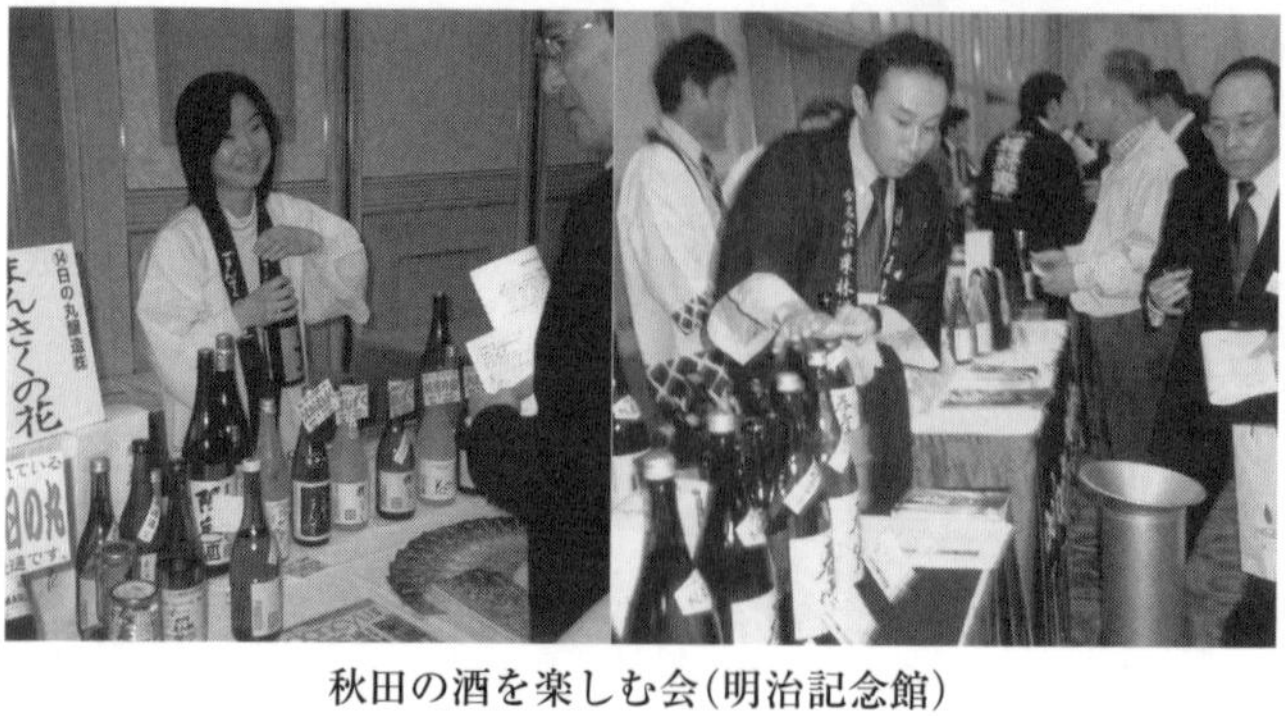

秋田の酒を楽しむ会（明治記念館）

が見劣りしたが、昼の会では無理もないか。

長期熟成酒23回目の勉強会

06年2月19日には有楽町電気ビル北館で長期熟成酒を味わう会の23回目が開かれた。今回はお馴染みの顔ぶれに加えて、自家熟成酒でも初亀、小鼓、福寿、遊天(六花酒造)他、ユニークなものも多く、約200名の参加者の関心を集めていた。筆者は乾杯の音頭をとった際、15年ぶりの達磨正宗や25年ぶりに訪ねた東力士の近況などを話し、二日酔いしない熟成酒の効用を添えておいた。長期熟成酒については第三章を参照されたい。

富山の酒フェスティバル、東京に初登場

06年3月22~24日に富山県の地酒12銘柄が東京のふるさと情報プラザにお目見えした。曙、若鶴、三笑楽、満寿泉、幻の瀧、黒部峡、勝駒、成政、吉乃友、冨美菊、銀盤、北洋の蔵元が力を合わせて出展し、23日の夕刻には桂米福の落語と富山の酒に関するトークショーが開かれた。この催しに限り、富山特製おつまみ弁当付で千円。先着50名までで要予約だった。立山が組合から脱会してから、まとまりがよくなったのではないか。

富山の酒フェア（ふるさと情報プラザ）

春の純粋日本酒協会は超満員

恒例の如水会館での純粋日本酒協会は、例によって満員の盛況だった。大半の蔵元はオーナーかジュニア、ないしは蔵元の社員だが、手取川正宗は元中央会の善養寺さんがお手伝い。それぞれの地元の名物の味覚が純米酒を引き立てるのはいつもどおり。ただ、例年に比べて若い女性が少なめで、熟年の男性が目立っていた。愛飲家と蔵元との交流の場として06年で33年目を迎えた。

幕張メッセでの日本酒

06年の幕張メッセへは初日と最終日に顔を出したが、日本酒については例年以上の盛り上がりようだった。

中央会の控室側の日本産清酒輸出機構では、前年まではなかったが、今年はアジアへ輸出したいという話なども持ち込まれた。隣の長期熟成酒では、チーズやチョコレートのつまみを添えた説明に納得する客が多かった。兵庫県や心美体のコーナーでは、若い経営者の熱がこもっていた。

「初日から100枚の名刺がアッという間に交換できた」という千葉県では、一般酒販店よりも料飲業務店筋が多く、ドラッグストア

幕張メッセの日本酒コーナー

純粋日本酒協会のパーティー（如水会館）

ーのような新規参入組も目立っていた。製品では熟成した貴醸酒（300ミリリットル＝2500円）に絞ったところ（山口）もあった。独特の竹徳利を毎年アピールするところ（三朝正宗）では同業者（蔵元）の引き合いも多かったという。

　中央会の控室で会長、副会長、理事などと話した中で、日本酒は理屈ばかりでなく、ソフトの面でのアピールも必要というところから、筆者がデザインした酒のネクタイや「日本酒で乾杯音頭」なども悪くないという話が出た。

酒造組合でも「酒売ります」

　立川にある東京都酒造組合で、06年3月15日に東京の蔵元の新酒唎酒会が行われた。吟醸、吟辛、吟の舞など甲乙つけ難い仕上がりで、筆者は前年、都の8軒の酒蔵を取材していただけに、それぞれの酒蔵の仕込みを思い出しながら唎いてみると、納得できる点が多々あった。詳細は第5章を参照されたい。ここは立川駅に近いところにあり、小売もしているので買いに寄る客も多いようだ。

唎酒の優勝者は下戸で味に敏感

　日本酒造青年協議会が主催する酒造業に携わる人たちの全国唎酒選手権大会で、05年の第29回に優勝した佐伯政博氏（35）との話である。これは11点の酒を10分間で唎き分けて1分間休憩の後、別の11点を前

東京都酒造組合の玄関口（立川）

に唎いたものと照合するテストだ。

山本「11点のうち9点当てるとは立派です。特に注意したことは？」

佐伯「時間の配分でしょうね。すぐに時間が経ちますから」

山本「香り、味、それにアミノ酸に特徴のあるもので分けたりしますか？」

佐伯「香りで全体を分けて味を確かめてみます」

山本「普段のお仕事は？」

佐伯「梅錦で日本酒の濾過と調合を毎日やっています。3年前まではビールの製造を担当していました」

山本「晩酌はどのくらい飲りますか？」

佐伯「あまり飲りません。父親や兄は大酒飲みですが(笑)」

山本「それは反面教師だ(笑)。食べ物の好き嫌いは？」

佐伯「小さい時には好き嫌いが激しかったんですが、少しは減りました。でもシイタケのようなものは苦手です」

山本「それだけ味覚に敏感なんですよ。私の知人でも大酒飲みで唎酒に優れたのは居ないもの。これからも頑張って下さい」

第29回で優勝の佐伯政博氏

流通の努力の一端

近頃では問屋の試飲発表会でも、単に蔵元自慢の酒を並べて訴えるだけではなく、セールスポイントやその利益率まで細かに表示することで訴求力を高めるなど、きめ細かな配慮がなされるようになってきた。以下はその一例である。　春の太田商店の会では、①おしゃれな小瓶で楽しく、②身体にやさしい燗酒、③限定品即売の春の市、④新酒鑑評会出品酒大集合、⑤焼酎ちゃんぷるー、の5つをあげていて、清酒、焼酎メーカー計52社が出展し、800名近い酒販店、料飲店の人が集まった。

①の小瓶は飲み切りサイズのため、蔵元の味そのままで届けることができる。また、瓶ごと出せるため徳利に移す手間がなく、スピーディに出せる。300ミリリットルでは多いと思い、180ミリリットルを注文する客がついもっと飲みたくなり、さらに1本の追加があると利益率も上がるし、いろんな酒類を試したい客にもいいなど、料飲店としての利点を訴えていた。

「いい酒だから売ってほしい」という理屈だけでは、これからの市場拡大は望めない。これはほんの一例だが、流通の努力の一端でもある。

	仕入金額（小売価格）	飲食店での提案価格	原価率	利益
A商品　180ml×1本	250円	500円	50%	250円
A商品　300ml×1本	400円	800円	50%	400円

↓　300mlを1本よりも100円の利益UP!

A商品　180ml×2本	500円	1,000円	50%	500円

※　飲食店様でご提供のビール（中ジョッキ）、焼酎一杯の価格と同じ価格程度（450～550円）の設定がおすすめです。

飲食店での小瓶の利益率などを示す一覧

長野の酒のお披露目

「長野の酒メッセ *in* 東京」が06年5月22日に赤坂プリンスホテルで、午後1～3時に業者を対象に、3～8時に業者と一般客を対象にして開かれた。参加蔵元は54社で、大吟醸や純米大吟をはじめ新酒などが並べられ、中には麗人のように熟成酒を前面に訴えるところもあった。小規模な造りの蔵元ながら、内容的に光っているところも多かった。

都心への進出を狙う蔵元の例

「純米酒フェスティバル」の催しは会を重ねているが、これをきっかけに東京進出を考える蔵元はどんなところか。蔵元の出展料は10万円と純米酒。参加者は一人5000円で試飲と、チケットでの自由飲酒、松花弁当、それに720ミリリットルのお土産付き。インターネットで公募するとすぐに満席になる、とフルネットはいう。

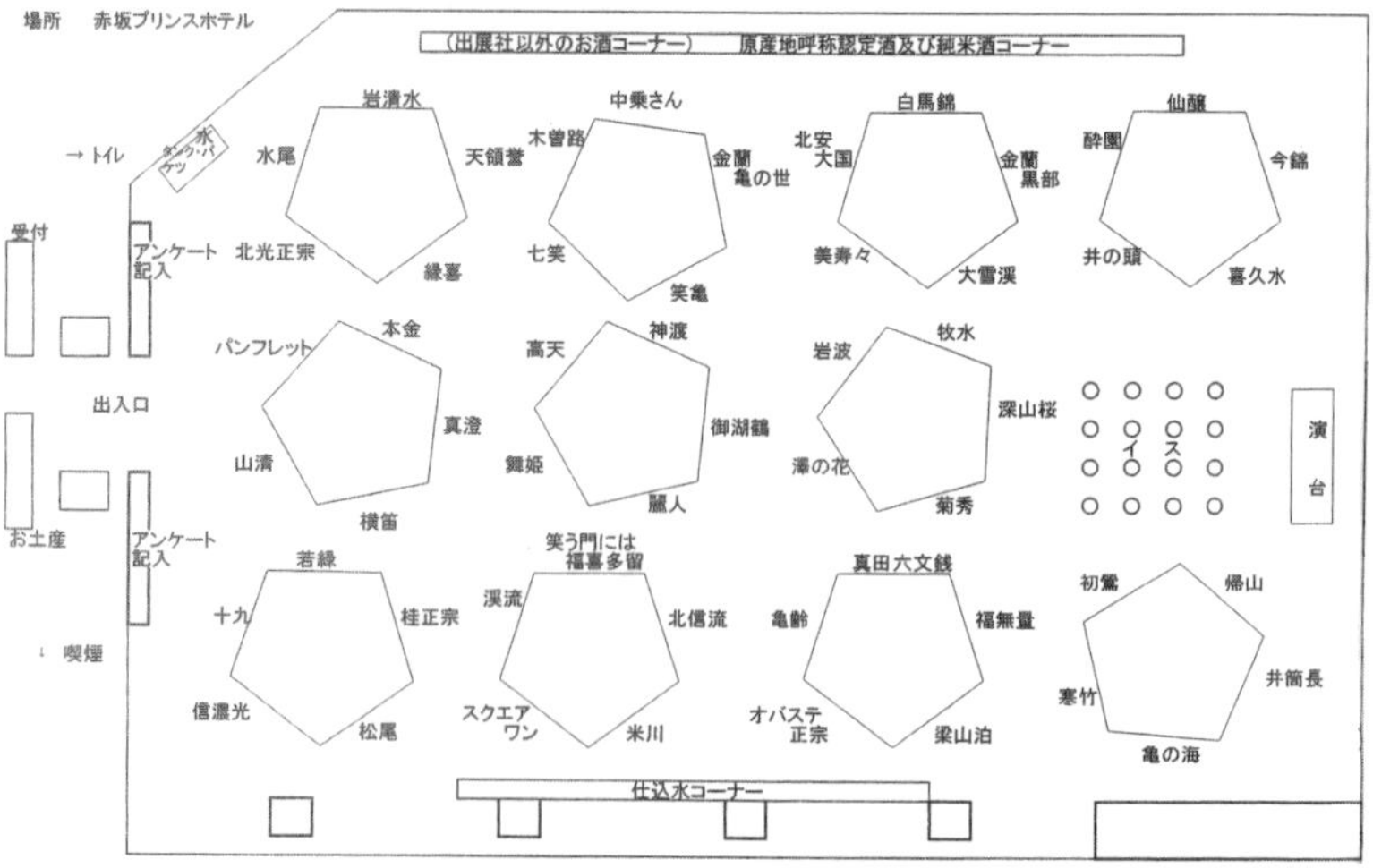

長野の酒メッセ *in* 東京の配置図

『純米酒フェスティバル2006春』出展蔵一覧

No	産 地	出品銘柄	出展蔵名
1	兵庫県	龍力	㈱本田商店
2	高知県	久礼	㈲西岡酒造店
3	岩手県	浜千鳥	㈱浜千鳥
4	佐賀県	七田	天山酒造㈱
5	秋田県	ひらり	秋田醸造㈱
6	山口県	獺祭	旭酒造㈱
7	群馬県	尾瀬の雪どけ	龍神酒造㈱
8	福島県	天明	曙酒造㈾
9	島根県	開春	若林酒造㈲
10	和歌山県	鉄砲隊	㈱吉村秀雄商店
11	福島県	末廣	末廣酒造㈱
12	三重県	黒松翁	㈴森本仙右衛門商店
13	秋田県	天の戸	浅舞酒造㈱
14	神奈川県	相模灘	久保田酒造㈱
15	山形県	日本響	㈱小嶋総本店
16	栃木県	富美川	㈱富川酒造店
17	福井県	梵	㈾加藤吉平商店
18	奈良県	山鶴	中本酒造店
19	秋田県	福乃友	福乃友酒造㈱
20	静岡県	臥龍梅	三和酒造㈱
21	長野県	秀峰岳久盛	信州銘醸㈱
22	秋田県	飛良泉	㈱飛良泉本舗
23	岩手県	南部美人	㈱南部美人
24	高知県	南	㈲南酒造場
25	福井県	福千歳	田嶋酒造㈱
26	秋田県	雪の茅舎	㈱齋彌酒造店
27	島根県	七冠馬	簸上清酒㈴
28	山形県	山吹極	朝日川酒造㈱
29	静岡県	開運	㈱土井酒造場
30	神奈川県	火牛	㈾相田酒造店
31	福島県	星自慢	㈾喜多の華酒造場
32	島根県	李白	李白酒造㈲
33	山口県	金冠黒松	村重酒造㈱
34	山形県	上喜元	酒田酒造㈱
35	岡山県	竹林	丸本酒造㈱
36	広島県	白鴻	盛川酒造㈱
37	茨城県	郷乃誉	須藤本家㈱
38	山形県	秀鳳	㈲秀鳳酒造場
39	富山県	苗加屋	若鶴酒造㈱
40	秋田県	まんさくの花	日の丸醸造㈱
41	岐阜県	房島屋	所酒造㈾
42	栃木県	天鷹	天鷹酒造㈱
43	山口県	雁木	八百新酒造㈱
44	埼玉県	琵琶のさゝ浪	麻原酒造㈱
45	福島県	奥の松	奥の松酒造㈱
46	広島県	いい風	山岡酒造㈱
47	石川県	加賀鳶	㈱福光屋
48	鳥取県	千代むすび	千代むすび酒造㈱
49	新潟県	越乃司	今代司酒造㈱
50	宮城県	浦霞	㈱佐浦

※ブースNoは、高瀬委員長が抽選を行い決定したものです

13回目の純米酒フェスティバル

横浜赤レンガでの日本酒サミット

横浜赤レンガ倉庫で日本酒蔵元サミット２００６が丸十酒店主催［☎０４５（６６３）５３４５］で７月２３日に開かれた。一般参加は午後1～4時、4～7時の二部制で合計１８００名（前売りで１５００円、当日２０００円）だったが、たいそうな人気だった。蔵元の出展料は2万円、参加銘柄は次のとおりである。

八仙・陸奥男山、南部美人、勝山、浦霞、高清水、刈穂、まんさくの花、天の戸、由利正宗、上喜元、三十六人衆、洌、山形正宗、楯の川、末廣、奈良萬、会津ほまれ、武勇、桜川辻善兵衛、富美川・忠愛、尾瀬の雪どけ・龍神、澤乃井、泉橋、相模灘、仙釀、八海山、大洋盛・雪華光、菊水、幻の瀧・巌瀬、若鶴・苗加屋、常きげん、菊姫、鬼ころし、志太泉、中屋、蓬莱泉、作、月桂冠、菊正宗、沢の鶴、玉乃光、弥栄鶴、長龍、千代むすび、李白、雨後の月、石錦、酔鯨、亀泉、冨の寿、花伝・窓乃梅、十四代、大信州、鶴の友

総会、「日本酒で乾杯１００人委員会」余話

０６年6月7日の日本酒造組合中央会の総会と、同月１９日の「日本酒で乾杯１００人委員会」に出席した際のことに触れておく。筆者にとって同会の役員の間には顔見知りがだいぶ増えた。その時７９歳の大倉敬一氏は杖をつきながら、「内臓なんかは異常なくて健康なんだが、足が弱ってねえ」とのこと。小西新太郎、宮下附一竜の両氏は、「ビールとは何ぞや」の議論のまっ最中。いや、お若いお若い。剣菱の白樫達也氏からは、「今度は仕込みの時においでになりませんか？」と誘われ

た。4月に訪ねた際は木製のコシキを使い、全量が麹蓋、家付き酵母、山廃仕込みには140人の蔵人が当たっているとの話だった。こういう中に入って実際に造りを体験するのは興味深い。

静岡県の土井氏、千葉県の飯沼氏、鳥取県の三宅氏などの県会長をはじめ、ゲストの何人かが私のデザインした日本酒党ネクタイを締めてくれていたのは心強い。

「日本酒で乾杯100人委員会」では30名余りの委員が列席。それぞれに日本酒振興の意見を述べるなどした。筆者は、日本酒の需要開発には理屈ではなく、もっとソフトの面での呼びかけが必要ではないかと話した。ドイツの酒場でのアイン・プロジットの大合唱のようなムードを盛り上げる歌でも作ってみては、と提唱しておいた。理屈だけでは酒は売れない。

後の宴会では、辰馬会長からご子息に社長職を譲られた話、福光氏からは需要開発で進めている話などいろいろあった。佐藤陽子氏から、池田満寿夫記念館が山梨県増穂町にできたという話が出て、「どんな町ですか?」と、同地出身の秋山裕一氏がトボケて佐藤氏に訊ねておいでなど、なかなかアジのあるひと時だった。

日本酒で乾杯100人委員会の会合

上原浩氏を偲ぶ会や講演会など

０６年７月１３日の東京グランドホテルでのＦＢＯ、ＳＳＩが催した上原浩氏を偲ぶ会や、初夏の集いなどについてお伝えする。

偲ぶ会は１２時より右田圭司、佐藤一良、岡空晴夫諸氏の順で上原氏にまつわる思い出話の後、「酒は純米、燗ならなお良し」の上原氏の言葉が記された酒盃での献杯となった。そして生前の上原氏のＶＴＲが上映され、思い出話に花が咲いた。筆者は氏が晩年に力を注がれた酒造好適米・強力のことに触れ、この米で前年の全国新酒鑑評会で入賞、その年は金賞の快挙などを話した。氏の純米酒への功績は言うまでもないが、その飄々としたお人柄は誰にも愛された。中締めの挨拶は酒本久世氏。

この後、同ホテルでの講演会は、日本酒造組合中央会副会長の浅見敏彦氏と右田氏が講師だった。事前に配られた資料は先頃開かれた「日本酒で乾杯１００人委員会」の資料ともダブってはいたが、話の内容はさすがに唎酒師向けというか、酒に関心ある人とってはわかりやすく配慮されていた。声が大きいのも頼もしい。このような話は全国の唎酒師にも聞かせたい。右田氏はスライドを使って中近東などの飲食事情を語り、これまたなかなか興味深かった。

ご健在だった頃の上原浩氏の講演

２００９年で創業百年の大星岡村

第３０回の「大星名酒フォーラム２００６」は０６年１０月３日に仕込先、飲食店、その他を合わせて800名近くが霞ヶ関ビル33階の東海大学校友会館に集まった。地酒427、ワイン172、焼酎147、梅・柑橘酒35のアイテムが並び、それぞれ数量的には順に103％、103％、105％、140％とすべて対前年をクリアしていただけに、今後が期待される。なお同社は2009年に創業百年を迎える。

神無月の島根の唎酒

島根の地酒を唎酒する会は毎年、神無月(出雲に神が集まり、全国に神が不在の10月)に東京・島根イン青山で開かれるが、06年の10月4日で12回目を迎えた。地元の酒造好適米・神の舞の使い方も上手くなって、全体にかなり水準を上げていた。参加銘柄は次のとおり。

隠岐誉、月山、豊の秋、李白、國暉、七冠馬、世界の花、十旭日、出雲富士、天穏、石見銀山、開春、環日本海、菊弥栄、宗味

このような会に顔を出してみると、蔵元それぞれの売込みの熱心さやセールスポイントの訴え方がよくわかって興味深い。

内容の濃かった「日本酒で乾杯！」

日本酒で乾杯推進会議の第3回総会、フォーラム＆パーティーは06年10月10日、千代田区の東京会館で500余名が参加して開かれた。

日本酒で乾杯推進会議会長の石毛直道氏、同委員長の西村隆治氏の挨拶の後、フォーラムのテーマ「それぞれの乾杯」はホスト役が民俗学者・神崎宣武氏、山形県の銀山温泉藤屋の女将・藤ジニーさ

ん。ゲストは第61代横綱・北勝海の八角信芳親方、落語家・桂文生氏、それに参議院議員の橋本聖子氏で、それぞれの私生活面での乾杯談義は内容が濃かった。八角親方は優勝した際の大盃を傾けるポーズなど、桂文生氏は落語にまつわる楽屋裏話、橋本氏はスケーターの間では「乾杯」は「完敗」の発声に通じるから別の掛け声でやる話など、興味ある話題で盛り上がった。ホストとゲストの息がよく合っていたのもよかった。

フォーラムに続くパーティーでは会員の交流で大いに湧いた。会員は目下1万人だが、主催者としては3万人を目指すとのことである。

贅沢なお膳立ての催事

第2回世界唎酒師コンクールと第7回名誉唎酒師酒匠任命式が06年10月20日に飯田橋のホテル・メトロポリタンエドモンドで盛大に催された。

世界唎酒師コンクールは2万5000人のうちで佐藤茂夫氏が優勝、名誉唎酒師酒匠任命式は国際オリンピック委員会会長のジャック・ロゲ伯爵など19名の受賞と賑やかだった。

名誉唎酒師酒匠任命式での出雲佐香神社の湯立ての神事は

乾杯の音頭をとる日本酒造組合中央会・浅見副会長（名誉唎酒師任命式）

左より石毛直道、橋本聖子の両氏と筆者、神崎宣武氏

例年どおりながら、今回は会場となったホテル２階の万里の間の両端に祀りの場が分けられ、立体的な儀式となったことから、それだけ荘厳さが増したといえる。

直会に入っての料理は海の幸盛合わせクリュディテ添えエドモンド風、甘鯛のボワレからすみ風味、牛フィレのあみ笠茸風味焼き、洋梨のコンポートとサバイヨンのグラッセ、カラメルのアイスクリーム添えなどと続き、日本酒各種の相性に関する解説付きで、木村克己氏などが率先してサービスに努めていた。しかも舞台では世界唎酒師コンクールの最終決戦が展開されているのだから、贅沢なお膳立てである。

同ホテルやＪＲなどが肩入れした催事では５００名近い参会者が、出展された酒のバラエティに目を見張っていたのが印象的で、「この催しは定期的にやっているのですか?」と訊く人も多かったとか。このようにしていい日本酒、旨い日本酒に目覚めるドリンカーが増えればいうことはない。

地ビールのフェスティバル

試飲会もいろいろだが、０６年１０月２８、２９日に横浜大さん橋ホールで開かれたジャパン・ビア・フェスティバルと銘打った地ビールの催事は、２日間に主催者発表で４０００人がつめかけた。

その日本地ビール協会「(☎７９８(７０)０９１１」によると、これが協会設立１２周年とのことだ。入場料４０００円(前売券３５００円)で５０ミリリットルのグラスが渡されて、飲み放題となっている。地ビールメーカーの参加料は１０万円で、以下のメーカーが協賛した。

常陸野ネストビール、サンクトガーレン、横浜ビール、富士桜高原ビール、いわて蔵ビール、ＨＡＲＶＥＳＴＭＯＯＮ、ＡＪＩビール、湘南ビール、風舎の丘ビール工房、オゼノユキドケ、金しゃちビール、ベアードメール、丹沢のしずく、ベアレン、田沢湖ビール、城山ブルワリー、反射炉ビヤ、伊勢角屋麦酒、飛騨高山麦酒、大山Gビール、大阪国乃長ビール、石狩番屋の麦酒、猪苗代地ビール、みちのく福島路ビール、奥州仙台麦酒、ブナの森から、箱根ビール、あくらビール、ビアへるん・島根ビール、田沢湖・湖畔の杜ビール、越前福井ビール、石垣島ビール、タイベビール、十勝ビール、モクモクビール、銀河高原ビール、ロコビア、札幌手づくり麦酒、諏訪浪漫ビール、隅田川ブルーイング、麦雑穀工房マイクロブルワリー、鳥の海・奥入瀬ビール、やくらいビール。

以上の他に外国からの参加が１０社あった。

日本酒チャンピオンズカップの発表会

酒文化研究所主催の日本酒チャンピオンズカップ２００６は梅錦・純米大吟醸が優勝。鳴瀬川・純米、福千歳・山廃本醸造、菱正宗・にごり酒、そして松竹梅、桜正宗などの大手も受賞した。審査委員長の戸塚昭氏は、「かなり慎重にやりました。第一次審査は4時間以上でしたが、カップでそのままやりますと、ついぞ量が多めになりますね」と笑った。今回は前回よりも大手蔵元の参加が増えた。い

審査に出品されたカップ酒の一部

優勝酒に贈られたガラス製の盾とトロフィ

ずれにせよ、日本酒の話題が広がるのは心強い。

土佐宇宙酒のお披露目

０６年１１月６日に東京・明治記念館では「世界初の宇宙酒と土佐酒を唎く会、楽しむ会」が高知県の１８の蔵元の参加のもと、フルネットの運営で行われた。０５年１０月１日、ロシアのソユーズロケットに搭載された高知県産酵母が宇宙ステーションに８日間滞在した、というニュースは大々的に報じられた。その酵母を使ったのが「土佐宇宙酒」である。

１８社の中には年間に２万２０００～３０００石の規模がある一方で、２００石という蔵元もあり、それらが仲よく並んで出展していた。経費の大半を高知商工会議所が負担しているのだから心強かろう。

酒蔵の大小にかかわりなく、総じて酒質の水準は高く、「宇宙酒」は他よりも心なしかまろやかタッチのものが多かった。昼間の「唎く会」が３００人、夜の「楽しむ会」が２５０人の出席だった。

「世界初の宇宙酒と土佐酒を利く会」&
「世界初の宇宙酒を楽しむ会」出品酒一覧

濱乃鶴	(有)濱川商店
南	(有)南酒造場
土佐鶴	土佐鶴酒造(株)
深海酒 地球の贈り物	菊水酒造(株)
安芸虎	(有)有光酒造場
土佐しらぎく	(有)仙頭酒造場
豊の梅	高木酒造(株)
文佳人	(株)アリサワ
山田太鼓	松尾酒造(株)
桂月	土佐酒造(株)
酔鯨	酔鯨酒造(株)
瀧嵐	高知酒造(株)
亀泉	亀泉酒造(株)
司牡丹	司牡丹酒造(株)
久礼	(有)西岡酒造店
桃太郎	文本酒造(株)
無手無冠	(株)無手無冠
藤娘	藤娘酒造(株)

東京国税局の鑑評会の一般公開

これは蔵元や流通のデモンストレーションではないが、お役所側が積極的に民間に呼びかけて意見を求めた行事の一つである。11月22日に東京国税局に招かれたのもので、入賞酒の感想など述べた。前年、入賞酒だけ揃えられたのでは入賞を逸した酒との比較ができない、と具申したところ、今年は出品酒全部が並べられていた。

こういうところでは「どうしてこんなにいい酒が落ちたのか」というものがあるのが通例だが、日時の経過による変質のためである。しかし、全体的に水準は上がっていた。主任鑑定官も言う「ふくよかな熟成香」、「ゆたかな旨み」など確かである。ただ、こういう会は入賞した蔵元の出席率が100%なのに対して、落選した蔵元はあまり出て来ない。本当は落ちたからこそ他との比較を見る上でも出てくればいいと思うのだが……。吟醸部門、ぎんから部門、吟の舞部門の3部門の全部で入賞したのは千葉県の東薫。

東京国税局の表彰式での記念写真

第三章　こだわりの今後は長期熟成酒か

吟醸酒の水準はある意味でピークを迎えたともいえるのではないか。その点、味の神秘性ということに関しては熟成酒に一目置かざせるをえない。未知のベールに包まれた長期熟成酒の昨今の動向を見てみる。

百年熟成を期すとどうなるか

長いようで、考えようによってはアッという間の気もするのが時の流れである。百年熟成酒の発想は先々のようでも、孫、ひ孫の世代が訪れる時になれば「早くも100年か」となって、蔵元のルーツを偲ぶことになるのに違いない。

05年12月8日の朝、滝野川の独立行政法人・酒類総合研究所東京支所の地下には、25の蔵元と研究所のこの年の金賞酒(研究生が造ったもの)も合わせた26品目が黒いカビに覆われた

市販されている熟成酒

荘厳なムードの中でどっしりとした檜《ひのき》材の棚に収められた。北から

　南部美人、朝日川、東光、出羽桜、あら玉、末廣、奥の松、麒麟、菊水、舞姫、麗人、東力士、郷乃誉、達磨正宗、福正宗、手取川正宗、越の磯、花垣、一本義、月桂冠、龍力、酒一筋、元見屋酒店、天山、天吹、酒類総合研究所

の順で、貯蔵前のこれらをすべて試飲した。

吟醸(大吟醸も)、純米、純米吟醸、貴醸酒、山廃、さらには全麹仕込みと内容は多彩で、別に現在市販されている熟成酒も参考までに並んでいた。確かに現在売られているものの方が全体には熟成されているが、貯蔵用は酸味、ゴク味など際立って特徴のあるものなどが並んでいた。

　10年ごとに開栓する1本分が余計に並んでいるので、今回試飲してメモした酒が10年後はどうか……せめて80歳までは生きたいと思った次第。熟成酒は「先が愉しみな酒」といえる所以である。

100年先熟成酒を収めた棚

特別に公開された八十年熟成酒

百年熟成酒の貯蔵に先立つ半年前に八十年熟成酒が公開された。以下はその内容である。

経過　和歌山県の高野山麓に近い、かつらぎ町にある帯庄酒造合資会社の古い蔵から発見された酒で、１０年くらい前からその存在が知られていた。同社は元禄年間（１６８８～１７０３年）創業、現存する和歌山県下の酒造家としては最も古いと思われる。約３０００坪の敷地一杯に蔵が建っており、２０年以上も貯蔵された酒が大量に残されていた。

そして、最も古いのが昭和2年（１９２７年）に当時の有名雑誌『キング』に紹介された『スヰートピー』で、８０年前の酒が1㍑瓶で４６本確認された。これだけ古い酒が大量に残されて発見されたケースはきわめて珍しい。

容器・包装　当時としては珍しく1㍑瓶。栓はガラスに半コルクで、グラス代わりになると思われる金属製のキャップが栓の上に被せてある。また、瓶はクッションとして藁で作った筒で覆われている。

ラベルはほとんど英語で、「THE JAPANESE REFINDED SAKE SWEETPEA BREWED BY OBISHO」と記されている。化粧箱の文字の多くは日本語で、「最新高級優良酒」、「超高級清酒スヰートピー壜詰」、「正味１リットル」、「定価2円５０銭」が表示されている。

中身・酒質など　当時の最高の酒は松竹梅の最高級酒一升瓶（1・8㍑）で5円と言われた時代で、この酒も1・8㍑換算では4円５０銭となり、松竹梅と同等の酒として造られたものとみられる。

酒質は吟醸型の酒ではなく、灘型の酒であると推測される。

80年熟成酒

灘型の酒は、酸を豊富に持ち、しっかりとした酒質で、東京を主体に消費の大部分を占めていたこと、および、最高の酒とされていた松竹梅と同等の酒を目指したものとすれば、灘型の酒とみることができる。

また、スキートピーのネーミング、ラベルの英語から輸出向けも意識した商品であったと思われる。

他の古い酒の事例

１９６９年（昭和４４年）。長野県佐久の大澤酒造（株）に創業の元禄２年（１６８９年）から保存されていた２８０年前の酒がＮＨＫ朝の番組『スタジオ１０２』内で開封された。

１９８０年（昭和末期）。福岡県三潴町の（株）杜の蔵で、製造から４０年余り経った昭和１６年（１９４１年）の酒が発見された。

１９９４年（平成６年）、山形県河北町にある朝日川酒造（株）では７６年前の酒となる大正７年（１９１８年）の酒が発見された。

熟成された貴醸酒、佐藤信氏のこと

電子レンジが発売された時、「電子レンジで燗すると二級（当時）が一級、一級が特級になる」とＰＲしていた。サンケイスポーツから電子レンジのものと湯煎のものとの味の比較を依頼されて、試してみた。レンジでは容器が熱くならないので、別の器に移し、容器も湯煎と同じ温度にしたものを提示された。目かくしていくつか試したが、どちらの燗か、１００％当てた。どうしてわかったのかと訊かれて、「レンジの燗は味がフラットだからすぐにわかる」と答えた。「好き嫌いはあろうが、レンジで味がよくなるとは思えない」とも言った。その後、当時の醸造試験所の佐藤信氏との対談でこの話をしたら、氏も湯煎の方が好きだとのことで、私と意見が一致した。

その佐藤氏が考案した貴醸酒（水ではなく、酒で仕込んだ酒）がお目見えした時、当時のＮＨＫの番組『スタジオ１０２』で貴醸酒についての感想を求められた。答えたのは藤田弓子さんと故・池田弥三郎氏、それに私の３人だった。その時はお二人とも絶賛調だったが、私は「なかなか変わった酒で面白いと思いますが、値段（当時とすればかなり高かった）との兼ね合いでみますと、買うには躊躇します」と言った。

その後、貴醸酒は市場に出ているが、昨今では味が抜群によくなると同時に、値段の点でも相応しい内容になってきた。これこそ歳月の値打ちである。写真は若鶴の１９７７年産の琥珀（７２０ミリリットル、１万５０００円）だが、内容の深み、風格には圧倒された。これぞ神秘の境地といえる。因みにこの琥珀は日本酒度マイナス４３、酸度３・２、アミノ酸２・２、アルコール１６・４％である。熟成酒の華の一面といえるだろう。

1977 年産の貴醸酒

よくできた熟成酒特集のページ

カットにあるのは、東日本の新幹線などの座席に配られている「トランベール」（０６年１１月号）の目次の一部である。ここには熟成酒がカラーで２２ページ特集されていた。

東日本エリアだから東日本の熟成酒に限っているのだが、それに

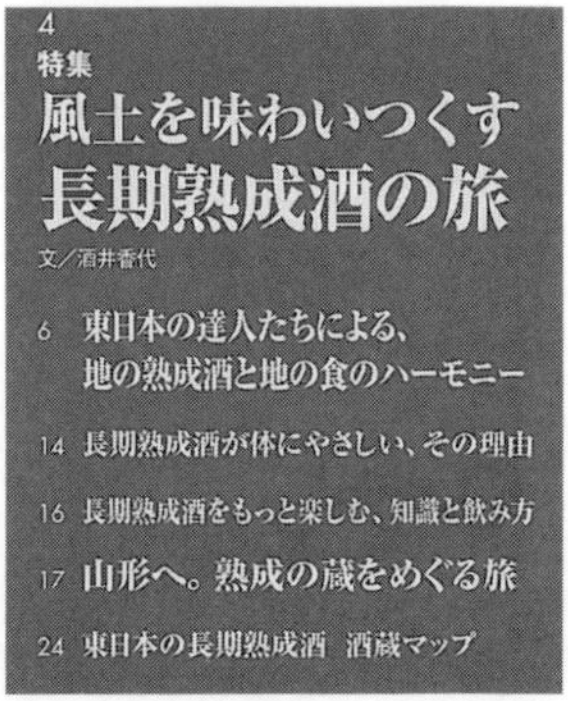
4
特集
風土を味わいつくす
長期熟成酒の旅
文／酒井香代

6 東日本の達人たちによる、地の熟成酒と地の食のハーモニー
14 長期熟成酒が体にやさしい、その理由
16 長期熟成酒をもっと楽しむ、知識と飲み方
17 山形へ。熟成の蔵をめぐる旅
24 東日本の長期熟成酒 酒蔵マップ

しても熟成酒をうまく訴えている。これほどのページを組んで掲載された蔵元には広告や掲載料などの負担が全くないのだから、並みのマスコミも少しは見習うといいのではないか。

１２月からは別の号となるから、関心ある向きは取り寄せてみるといい。

なお、長期熟成酒研究会は、☎０３（３２６４）２６９５。

第四章　日本酒党の嗜好を広げるか、変わり種焼酎考

筆者の前著「『お酒の「いま」がわかる本』（実業之日本社、05年5月刊）」の「焼酎の仲間、世界に広がる」の章でフィリピンのランバノグと茅台酒のことを紹介したが、本書ではポルトガルと、四川省、山西省の白酒を紹介する。ポルトガルのポートワインとマディラワインは、今の日本の酒税法では混成酒で蒸留酒の範疇ではないが、蒸留酒に果汁を混ぜたということで取り上げた。さらには、ポルトガルや中国など遥かなる地で想う日本酒のことにもふれ、現地の人たちの日本酒評価も聞いた。

酒精強化酒を現地で考える

ポルトとマディラ　三大酒精強化ワインは、シェリー、ポートワイン、マディラワインであるが、そのうちのポートワインとマディラワインをそれぞれポルトとマディラ島に訪ねた。

なぜ今、酒精強化ワインなのか、と聞かれた際に筆者が答えたのは、次のことである。

日本ではジュースにアルコールを混ぜた缶チューハイが飛ぶように売れている。それに反して、手間暇かけた日本酒が停滞しているのは腑に落ちない。ジュースにアルコールといえば、造りこそ

違え、酒精強化ワインなぞその典型ではないか。そんな酒類が一体、昨今ではどのような造りの変わりようを見せ、消費されているのか、現状を見たうえで、はるか離れたところから日本の酒類消費も冷静に考えてみたいと思った。さらに、日本人とは嗜好の違うポルトガルの人たちに日本酒がどう映るか、という興味もあった。

樽造りのこだわりは変らない

筆者がポルトガルを訪ねたのは2度目である。前回は15年前で、その時はコバーン社というポートワイン工場を訪ねた。それというのは、この会社だけがピッパ（ポートワインを熟成させる樽）を自社で作っていると聞いたので、その様子を見たいと思ったからだ。今回の訪問に際してはその会社に15年前に取材した時と樽造りの様子は変わったか、と連絡をとってみたところ、樽職人の引き継ぎはあったが作り方はまったく変わっていないという。

ではここで、そのコバーン社でのピッパの作られ方を説明しておこう。樽材はポーランドのメメルというところの樫の木を買い入れる。この会社の話では、この材質が世界一いいという。それを削ったところで1週間水に浸けて水分を含ませる。その後で少なくとも5年間は自然乾燥させるというのだ。そして使うに当っては、水蒸気の釜に45分間入れて温めて柔軟性をもたせる。樽になる前でも、このたいそうな拘りようには驚いた。

樽には「739」、「827」、「920」などいろんな数字が入っているが、これはそれぞれの番号をもつ専任の樽職人の手になることを示したものである。したがって、その職人以外の人が樽を扱うことはできない。樽は、できるだけ修理を続けて長持ちさせる。カベッサ（樽の蓋）の修理にはエントラーダ・インテーラという特殊な釘を使って、これをマーリュ（コルク樫の一種の材質で作った木づち）で叩く。そして、樽の隙間にはタブーア（藁の一種）をこのようにつめる、とその樽職人が実演して見せてくれた。自分がこの仕事から手を引く際には、次を引き継ぐ見習いを長い期間にわたって教育するのだ、ともいっていた。つまり、樽はエンドレスなのだ。

単純明快な酒精強化の出発点

今回のポートワイン工場は、ポーシャス社とテイラー社でいずれも日本へ製品を輸出している。因みに日本へのポートワインの輸出の総量はその前年の2002年が2340ヘクトリットルだった。ポーシャス社はかつてポートワインに添加するアルコール（ホワイトブランデー）の製造会社だったが、1960年からポートワイン製造に乗り出した。メーカーとすれば中堅どころで、家族経営である。

　東のスペインの方から流れてくるドウロ川の沿岸ではブドウの栽培に従事する農家が3万軒ほどあり、この数も15年前と変わっていない。ポーシャス社は3つの畑と契約している。トウリガ・ナショナルをはじめとする黒ブドウが赤（ルビー・ポートやトウニー・ポート）の芯になっているもので、これらが摘まれたところで破砕される。除梗破砕機ですべてやるところは多いが、高級なものは昔ながらの足踏みで行う。体験できるものなら、これを是非一度やってみたいと思って10月の上旬に出掛けたのだが、なにせその年は例年にない猛暑でブドウの収穫が早まって作業が終わったばかりだったのは残念だった。

　ラガールという石で作られた桶の中で礫されたモスト（ブドウの果汁）は、翌日も攪拌されたところで77％のアグアルデンテ（ホワイトブランデー）が添加される。これはモスト4・5対ホワイトブランデー1の割合である。早めに添加すれば甘めとなり、遅ければ辛めとなる理屈はいうまでもない。なお、トウリガ・ナショナルのような黒ブドウでは皮も一緒にモストとするが、マルヴァジア・フィオに代表される白ブドウでは皮を除くこともある。

以上までの作業は、まさしくジュースにアルコールである。しかし、ポートワインはアルコールで酒精を強化することによって、長期間の保存に耐えさせる目的から発したわけで、いうまでもなくここに缶チューハイ的発想は微塵もない。ワインを造れなかったイギリスがこれに目をつけたことで、酒精強化の色あいが確かなものになっていったしごく単純明快な出発点は、飲みやすさにポイントを置いた缶チューハイとは時代の背景がまるで違う。当然といえば当然のことながら、原料は同じでも鮮明な異なりようではないか。

ドウロ川に架かる橋と観光船

品質管理はI・V・P

ポートワインは発酵を停止された段階から眠りにつくわけだが、その作業が行われた場所で、3～4ヵ月は置かれている。冬のドウロ川の厳寒の中でそのまま過ごしたワインは、年を越してからポルトへと運ばれる。ポルトのヴィラ・ノヴァ・デ・ガイヤにはそのようなポートワインの熟成庫が密集している。

トウリガ・ナショナルの面目躍如たる濃い色合いで、タンニンを多く含む力強いものはルビー・ポートへと育てられる一方で、色が薄めで酸化熟成の方向へ進ませるトウニー・ポート、さらにはヴィンテージ・ポートなどの区分、チェックがなされる。この段階でのアルコールは18〜20%である。

どの会社の熟成庫にも巨大な樽から600リットル前後の小樽までいろいろある。バルセイロと呼ばれる大きな樽はあまり酸化させないルビー・ポートやホワイト・ポート用に、小さめの樽は逆に酸化が進みやすいトウニー・ポート用に使われている。

テイラー社の創立は1692年と古く、やはりヴィラ・ノヴァ・デ・ガイヤにある。ここはドウロ川の名物橋ドン・ルイス一世橋を見下ろす景勝地で、レストランの経営をはじめとして観光客誘致も怠りない。工場内を案内された後では、ルビー・ポートやトウニー・ポートの試飲も自由にさせてくれる。

ところで、どのワイン工場でも貯蔵樽と瓶詰めなどは案内してくれるが、出荷前のブレンドの詳細まで語ってくれるわけではない。とりわけポートワインの場合、最終のブレンド技術に負うところはかなり大きい。前記のコバーン社では多い時で35種も混ぜるといっていたが、ポーシャス社、テイラー社ともにそれに劣らない。

なお、I・V・P(ポートワイン・インスティチュート)という組織によって品質は厳重に管理されている。ポートワインの総生産量は約100万ヘクトリットルに及ぶ。これらに目を光らせるわけだが、とりわけヴィンテージ・ポートを造るとなると、事前に「このワインで造ります」と熟成2年目のサンプルを提出して認可されないと、作業を進めることはできない。

ポルトガル航空でマディラ島へ

加熱熟成は42～45℃

マディラ島は首都リスボンから南西におおよそ1000キロメートルほどもあり、日本人観光客はほとんど来ない、と現地のガイドがいっていた。ただ、大塚謙一氏（元醸造試験所長）によれば、40数年前にマディラの工場を見学されたとのことである。日本人の酒の専門家でマディラの工場を訪れたのはおそらく氏が初めてではなかったろうか。

ポートワインに比べると、マディラワインの歴史は浅い。話としてよく伝えられている「船に積み込まれて赤道を越えたワインが得もいえない風味だった」ことから、わざわざ船積みして長い航路を辿らせたりもした。後にはそれに代って、蒸留したワインを加えて保存性を高めたうえで加熱することによって現在の酒精強化の内容になったのは18世紀からである。

マディラワイン工場は、バルベイトとブランディという2社を訪ねた。

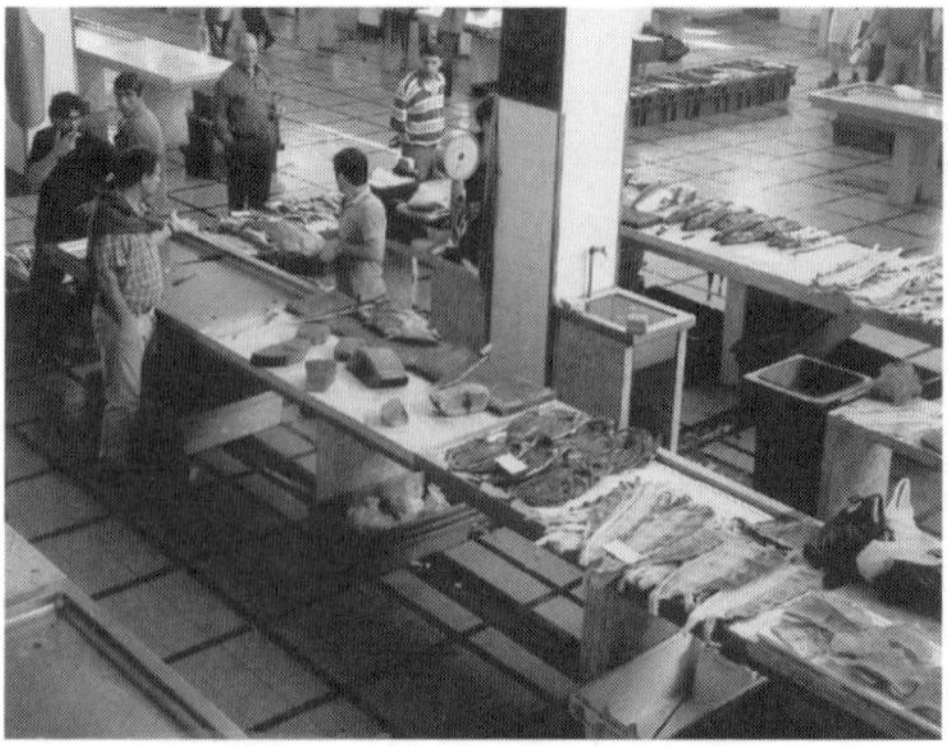

ラブラドーレス市場の魚処理場

マディラ島を訪ねた日の昼のレストランで、フォアグラに1978年のバルベイトの重みのある辛口が実によく合った。マディラワインといえば、せいぜい食後酒か料理酒くらいの認識だった私にとっては、おやっという感じだった。聞けばこれはビンテージで、2002年のフランスでのワインエクスポで第一位のものだというではないか。

そのバルベイトの会社での説明によると、マディラワインにはポートワインのようなルビーとかトウニーのような区分はなく、使われたブドウの品種によって辛口、中辛口、中甘口、甘口などに分けられる。辛口が１リットル中の糖分６０グラム＝１・５とすれば、甘口は同＝３・５以上となっている。もっとも、ティンタ・ネグロというブドウを使えば、それによってどの内容のものでも造られるとか。マディラワインのモストへのアルコール添加は、ポートワインとは異なりブドウから造った９６％のビニックアルコールを使っている。このアルコールはポルトガル本土やスペイン、フランスなどから入れている。アルコール添加に際しては、甘口では１日の発酵後、中甘口で２日の発酵の後にモスト１００リットル当り１８リットルを添加する。辛口では４〜６日の発酵後、１００リットル当り１４リットルが添加される。

1978年のバルベイトのボトル

そのようなマディラワインが熟成されているバルベイトの工場では太陽加熱の効果も及ぼすように屋根が薄くなっていることもあって、むっと熱気が漂う。案内人は「サウナ効果がありますよ」と笑った。前述の、インド方面へ輸送されたものの返品されたワインが赤道を通ることで熱せられて味がよくなったことに因んだ加熱処理の一端でもある。かつては一階で火を焚き、階上のワインを温めたこともあった。熱い湯を通した配管で部屋を暖めるとか、樽に温水パイプを通すなどの方法もとられた。その時ワインに与える温度はせいぜい４２〜４５℃程度である。ただ、上級の品質のものはできるだけ自然の状態で徐々に温めらている。

バルベイトの工場には１７９５年産のものもあったが、これは売物ではなく、売物として古いのは１８３４年産という。樽からの蒸発は年間４％だから、年代物は貴重である。マディラワインはポートワインよりも長持ちするが、瓶を横にすると酸化現象が起きやすいから、とワインでは珍しく瓶の状態のものは立てたままで保存するのために１５年ごとに栓を変える。

マディラで訪ねたもう一つの工場のブランディは、この島でマディラワインをもっとも多く生産しているだけに、工場内の案内もそつがない。土産物コーナーにはビンテージものが年代順に並んでいて、自分の生まれた年のビンテージを求める観光客も多い。

なお、ポルトでのI・V・P同様にマディラワインのI・V・M（マディラワイン・インスティチュート）もあり、ブドウからワインに到るまで管理に目を光らせている。ここはマディラ自治区の政府機関であり、品質チェックなどには民間人も混えて行っている。島内で生産される５００万リットル近いマディラワインのうち、３０％ほどが観光客も含む島内での消費で、７０％が輸出用である。量的に多いのはフランスだが、金額面ではイギリスが多く、アメリカや日本はそれぞれ１０％少々といったところである。

I.V.M.の全景

「誇り」としてはいるが……

ポートワインとマディラワインそれぞれに、地元では「誇り」としているのは言うまでもない。ポルトでは宿泊した2つのホテルでいずれも、入館早々にポートワインをウェルカムドリンクとして持ってきた。ただ、レストランなどでは食前酒、食後酒として確かにポートワインは使われていたが、ビールやビニョベルデ（さっぱりとしたテーブルワイン）などの注文が多く、食中酒としてのポートワインは観光客と思われる人たちがビンテージを傾けているのが散見されるくらいだった。

マディラの場合も、輸出が70％もあり、そのうちの量的に多くがフランスというのは、フランス料理の調味料として多く使われているのであり、日本への輸入も調味料としての利用が多い。

マディラでは観光客の要望が多いことから、1999年よりスティルワインの製造を始めたが、水質などの関係からいま一つ出来上がりが芳しくない。

酒の存在感とは

ポルトもマディラも、それぞれの土地に根付いた古くからのワインにプライドは持っていても、現代の食生活の中での適合性ということでは、食中酒にはやや難ありとして無理に取り込もうとはしていない。その割り切りようははっきりしている。そのうえで、ホテルでのウェルカムドリンクのように客に対しては胸を張って出す。

世界的傾向として、飲料が「浅」、「薄」の方向へ進みつつある今、ポートワインやマディラワインはその反対の極の酒類として、「浅」、「薄」の酒類とは対照的な存在感をもって光彩を放っているといってもいいのではないだろうか。

そんなポルトガルの地からはるか日本を思う時、繊細な和食と日本酒とがやけに恋しくて仕方がなかった。デリケートな和食に合う酒質としては、とてもアルコールとジュースだけの入り込める世界ではない、ともつくづく思った。

そもそも酒の存在感というのは、その酒の特徴をどれほど誇示できるかということではないだろうか。その点ではポートワイン、マディラワインともに堂々たるものであり、反対の極にある日本酒もまた然りである。

ところで、缶チューハイの場合は、良し悪しということでなく、「浅」、「薄」という時流に乗っかった飲料、というのがポルトガルの風味を満喫した後での素直な感じである。

ポルトガル人の日本酒評

料理人やウェイトレスの感想　ポルトガルのポルト市庁舎側のヴィア・ガレットという中級レストランへ事前に日本酒の持込みを断ってから行った。

明るい店内に客が少ないのは、夕刻の7時という時間帯のせいもある。当地での夕食は遅くて、8時頃を過ぎてから始める人が多い。ムール貝の酒蒸しやアンコウのリゾットなどが食卓に並んだところで、店のハウスワインである若いワインのビニョベルデと並べて、山丹正宗の純米吟醸、一ノ蔵のすず音、梅錦の大吟醸・観入などをアイスペールで冷やして用意した。

わが国でポルトガルの魚といえば、イワシの塩焼きが有名だが、現地ではタラの料理の方がさらにポピュラーで、タコやムール貝なども頻繁に出てくる。また、ガンボリールという黒い魚となると、わが国では馴染みがない。いずれにせよ日本酒との相性なら、まずは魚料理のお膳立てだろう。

一流どころの堅苦しいレストランでは無理だが、気軽な雰囲気なのがこの店の良さだ。ウェイトレスに日本酒を勧めると、すず音の柔らかさがすっかり気に入った様子で「ベリー・グッド」とにっこりして、「ビニョベルデよりもスイートでおいしいわ」と添えた。厨房から出てきた料理人は山丹正宗を口にして暫らく考え込んでから、「不思議な風味だ」と言った。米が原料の酒だということが納得できないらしく、初めて飲んで驚いたとも言う。観入となると、さらに言葉がない。暫らくして、「東洋の神秘だ」と言った。

8時を過ぎて客足が徐々に増えてきた。隣席の中年女性がこちらのテーブルの日本酒を気にしている様子なので、ウェイトレスを通じて「飲んでご覧になりますか?」と勧めてもらったところ、「喜んで」という風情である。感想を求めると「以前、日本食レストランで飲んだものよりもおいしい」と言い、「前の時は温めてあったが、これは温めないのですか?」と聞く。温めるならぬるく温めるのもいいよ、と返事した。

ポルトでは泊まったホテルのボーイや、食事をしたところのウェイターに試してもらうなどもした。インファンテ・デ・サグレスという四つ星ホテルの初老のボーイは梅錦を口に含んで、「香りがいいねえ、やさし風味のわりにアルコールが高いけど、どのくらいなのか?」と聞く。16%だと言うと、「ワインよりも強いんだな。これは食前酒か食後酒でしょうか」といった。現地のポートワインは食前、食後に使われることはあっても、食中酒としては思ったほど使われていない。食中にはむしろ前記のビニョベルデのような手軽なものを飲んでいる人が多いのだ。

ポルトからドウロ川を遡って行った、古い館を改修したソラー・ダ・レダのホテルでは、ウェイターが山丹正宗を仕事の後に飲んでみると受け取った。翌朝、ホテルの出発前にウェイターが言うには、「何人かで試してみましたが、みんな初めてでした。香りもよく旨いのはわかりますが、こういう酒を普段飲んでいる日本の人たちにポートワインは馴染まないでしょうね」と言うではないか。国酒といいながらも、シェア10%に満たない現状では耳が痛い。

日本酒はまだ知られていない

たまたまマディラ島へと向う飛行機の中に品のいい中年の日本人の婦人がいた。著名なレストランを経営する人で、マディラワインの買付けのために行くのだと言っていた。なにしろポルトガルの離島マディラは、わが国ではむしろ料理酒としてのマディラワインの名の方で知られている。

マディラでは、マディラ自治政府によって設立されたホテル学校の食堂で、学校の教授や食堂の支配人などに試飲してもらい、夜には街の中華料理店で女性支配人や料理人などにも試してもらった。ホテル学校の教授はポルトガルのワインよりも甘いといったが、食堂の支配人は観入を「辛くも甘くも感じる。糖分は少なくて口当たりがソフトで素晴らしい」といった後、これまでに日本の車は何度も買い替えたが、酒がこれほどいいものとは知らなかった、と付け加えるではないか。

夜に訪ねた中華料理店では、中国産の米酒や清酒の味を知っている女性支配人によれば、「今、妊娠中なので飲めないが、これは中国産とは全然違う」と一ノ蔵純米大吟を少し口にしていった。料理人の方はリスボンで日本酒は飲んだと言ったが、こういう香りのあるタイプの酒でなく熱燗だったとか。

以上の他にも折に触れては感想を求めたが、右の中華料理店の人以外はほとんどが日本酒は初体験だった。感想の言葉がすぐに返ってこなかったのは、どう表現していいか戸惑っていたためではなかったろうか。

仮にわれわれが、初めて体験する酒を口にしたとする。そんな時、何と答えるか、すぐに気の利いたコメントが返せるかどうか。そう考えれば、彼らの戸惑いはわからないではない。日本酒はまだまだ知られていないことを肝に命じるべきなのだ。

なお、一ノ蔵の鈴木和郎氏ご夫妻はツアー一行がポルトガルを発った後、1日余計に滞在された。その時、リスボンにある和食店に立ち寄られたそうで、そこでは大関の一升瓶が日本円で6000円だったとか。多分、アメリカから入ってくるのだろう。

成都や瀘州、太原周辺に見た最近の酒事情

1991年に国際酒文化学術討論会（IWCS）が開かれたのが四川省の成都だった。当時、成都に日本酒は全く無かったが、それが昨今では酒場も数軒でき、徐々に日本酒が浸透していると聞いていた。それだけに04年4月に勃発した反日デモの最初が成都だと報道されたのには驚いた。中心街にあるイトーヨーカ堂が襲撃されている様子をニュースで見て、近くの日本酒居酒屋はどうなのか、と心配したものである。05年の訪中は前々回の『白酒の貴陽、遵義、茅台と道中での啤酒』（日本醸造協会誌、2001年11月号）と前回の『瀋陽、承徳、北京での日本酒と白酒の生産と消費』（同、2004年9月号）に続いて、中国における酒の最近の動向を取材してみたかったことと併せて、右記の襲撃後の経過などを視察することもあった。

「文君酒」という白酒の場合

四川省の酒ということでは故・坂口謹一郎著『日本の酒』を中国語に翻訳された李大勇氏が『日本醸造協会誌』（1992年2月号）に書かれている。その後の様子はどんなものだろうか。

まずは成都の南西80キロメートルほどのところにある「文君酒」という白酒メーカーを訪ねた。多い時で2万トン生産していたが、今は1万3000トン弱とか。大麦60%、小麦40%で曲が造られる、その製曲の現場を見せてもらった。この作業、昔ながらの手造りをかたくなに守っていた。種コウジは全然入れていないというだけに、その周囲の環境で自然の菌が繁殖するのも理解できる。25日ででき上がった曲はさらに半年間寝かせる。地下に掘った窖《ちゃお》は地下の発酵槽で、この窖は縦4メートル、

横3《メートル》ほどで深さが2・6《メートル》ある。ここの窖は貴陽の筑春酒广のように周囲をコンクリートで固めることはせず、泥がむき出しである。原料として使われるコオリャンは、当地では足りないので他所から入れている。

この窖での発酵は半年から長いもので1年かけるというが、それによってカプロン酸エチル生産菌をはじめとする多種の菌が作用して複雑に内容を盛り上げる。蒸してから少し冷やし、さらに原料や曲を入れて発酵させること2回から3回。蒸留は1回が９０分で、７０％のアルコールである。

「文君酒」の製品でポピュラーなものはアルコール４６％、１２５《ミリリットル》で、工場からは1本3元（１元は１３円。前年は１５円だったので少々の円高）で出荷され、市場では5元で売られている。白酒としてはマイルドで親しめるポピュラーなのど越しといえる。

観光態勢を整えた「瀘州老窖集団」

中国全土から見れば、白酒の生産が年を追って減り、ビールやワインなどの低アルコールが増えてきた情況は前著にも触れた。白酒は最盛期の８００万《トン》から半分以下の３２０万《トン》へと落ち込んでいる。ただ、そのベスト3は五粮液集団、茅台酒集団、瀘州老窖集団の順で、その1位と3位がここ四川省のものなわけだから、いわば四川省は白酒のメッカであり、減ったとはいえ白酒の生産では中国第一位の省である。

五粮液を視察したかったが、ここだけは誰に対しても取材を拒否している。なお、五粮液はかつて五糧液と記されていた。文字の中央の部分が変ったのは、「糧」の略字が「粮」だからで、これは「麴」が「曲」となったのと同じである。もっとも、「量」と「良」ではあまり略されているとも思えないが、文字から受けるイメージの点では良くなったか。

成都の南へ300キロメートルの瀘州老窖集団では3年前に観光客向けの設備を整え、ガラス窓越しに窖や蒸留機が見渡せるようになった。ガイド付きで入館料が10元（130円）、10 ccほどの試飲（アルコール70%）が20元である。ここの窖は文君酒のものより細長くて、縦3・8メートル、横2・4メートル、深さ2・4メートルである。窖は1573年からのものを使っている。その400年を超えるのが自慢で、この中には600種（かつては400種と公称していた）以上の菌があるとか。味がかなり多様に組み合わさったわけで、重厚で華やかな風味の印象を受ける所以である。1996年に国宝に指定されているから見学客は後を絶たず、年間に10万人は来るという。

成都での和食店などの現況

ところで、問題の反日デモの影響を受けたイトーヨーカ堂と道を挟んだ「北海道・日本料理」という店の女性店主によれば、ビルの2階にあって直接の被害には遭わなかった。当日からしばらくは客足がぱったり止まったが、2ヶ月経った今になって徐々に回復したという。ここ成都の日本人は200人少々といったところだけに、客の大半は地元の裕富な人たちである。酒の品揃えは豊富で、店主が西宮に3年居たことから灘の酒を中心にする一方、地酒も30種類近く揃えていた。一升瓶のボトルキープの客が多く、200元から300元前後。寿しはカジキ2貫で2元、大トロ2貫で3・8元、いなり寿し1個8元、刺身盛合せ98元と、魚類が豊富である。「前のイトーヨーカ堂の日本人の12人は毎日のように見えますが、離れたところのトヨタの人たちは土曜か日曜によくみえます」とのことだった。

「松坂」という店は2年前の5月にオープンして、名前のとおり肉料理が看板ながら、こちらもまた魚類のメニューがバラエティに富んでいる。酒は松竹梅で、徳利（1・8リットル瓶から13本どり程度）

で20元。ここも客足が戻ってきた。

他に中心街の外れにある「和風亭・喜慶坊花園」という店へ行った日本人の団体客によれば、味は100点を満点とすれば80点という話だ。5～6人でせいぜい800～1000元というから高くはない。また廻転寿しの店などもあるが、このスタイルに馴れないせいか、客足は今ひとつといったところである。

前述のとおり、白酒の消費が落ちたとはいえ、そこは白酒のメッカだけに、酒売場をのぞいても白酒の種類は多い。消費が増えてきた啤酒《ぴいちゅう》(ビール)は中国産と並んで、バドワイザーやハイネケンのライセンス生産銘柄が多めで、アサヒやキリンなども北京ほどではないが並んでいる。ワインは地元産で20元前後のものが売れ筋で、これらはスプライトを入れて飲むスタイルで広がっている。この地方で比較的に紹興酒の陰が薄いのは中国での日本酒と同じで、家庭での消費が少ないためといってもいい。

汾酒《ふえんちゅう》のふるさと杏花村は今

太原の東北の山西省で汾酒で知られる杏花村を訪ねた。ここもまた観光客の受け入れ態勢はばっちりで、瀘州老窖同様に年間10万人はある。そのうちの1万人ほどが外国人だという。230万平方《メートル》もの敷地には杏花などの森林パークもあって壮大だ。汾酒の生産は5万《トン》で8000人ほどが従事している。

製造はここも昔ながらのやり方に固執していた。コオリャンを原料として、大麦とエンドウ豆で造った曲を加える。これを土の中に埋めた甕(写真)に仕込むのだが、発酵は昔は20日程度だったものを、今は28日かけている。

1回の蒸留が35分間で、その後、原料や曲なども加えて2回の蒸留でアルコール75%のものができる。そんなプロセスを隅から隅まで見せてくれた。

3年以上寝かせたものや、中には10年以上のものもあり、その貯酒庫の一隅にサンプルが簡単に試飲できる設備（写真）があった。45%の竹葉青酒、53%の汾酒、さらに40%のバラの香りの汾酒などが並んでいた。汾酒をベースに若竹の葉を漬した竹葉青酒は、ほのかな甘みを含んでいて心和むムードが漂うのがいい。

また、ここには古くからの時代を追って300点を超える酒器を陳列した酒央博物館がある。本物とレプリカが混じっていて、レプリカには「仿」の表示があるものの、実によくできていた。

日本酒は徐々に芽生える予感

中国ではわが国の国税庁が発表するような正式な酒類統計のデータがない。

文君酒の蒸留釜

窖の覆いを外したところ

国宝に認定されたことの碑（濾州老窖）

25日間でできた曲を貯蔵庫に運ぶ

したがって北京宝酒造がまとめている資料を記しておく。

　酒類の総生産量は05年の推定で年間3400万トン。そのうち啤酒が2800万トンでこれは世界一。次いで白酒が320万トン、黄酒が180万トン(うち紹興酒は140万トン)、ワインが40万トンなどである。10年余り前の様子では白酒を飲む人が64%、黄酒が19%、その他の酒類が17%と小泉武夫氏なども書かれておいでだから、これは大変な変りようといえる。

　太原で立ち寄ったオル・マートという大きなスーパーマーケットでは赤提灯に黒々と「すし」と書かれたコーナー(写真)があった。1箱が19・15元、寿しのネタだけなら13・8元、カッパ巻き1・8元と手軽な値段で、担当の話ではよく売れるという。また宿泊したホテルの山西国貿大飯店は前年の春にオープンしたばかりで、10月にその3階で開店した

瀘州老窖は貯蔵によって値段が変わる

貯酒庫ではサンプルの試飲ができる

汾酒は土中に埋めた甕で仕込む

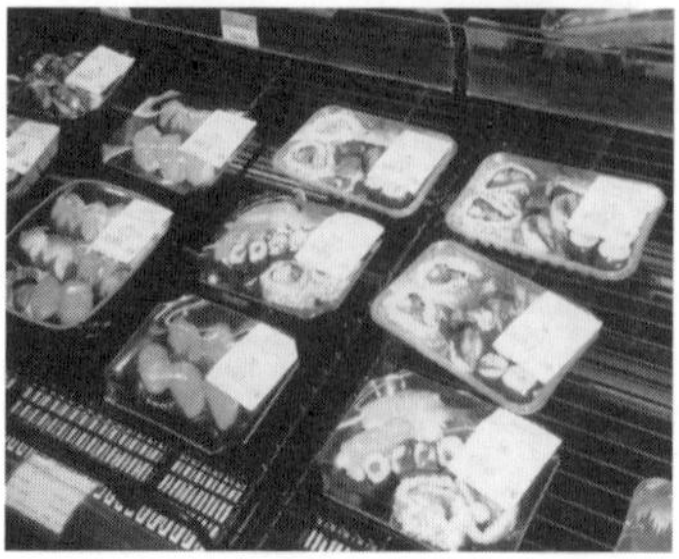

スーパーで売られている寿し

「桜・竹閣」という日本料理店があった。そこは反日デモには無関係で、地元の和食党・日本酒派が次第に増えているので店主は心強いという。このような日本料理店を見ると、地味ながら日本酒の基盤は徐々に芽生えている予感がする。ここでは詳述しないが、中国で出遭った多くの人に日本から持参した日本酒を試飲してもらった反応も上々といっていい。

とにもかくにも、目先のことに一喜一憂せず、日本酒本来のセールスポイントを着実に進めることが肝要、と痛感した次第である。

第五章　酒蔵の独自性を全国に探す

「蔵元万流」とはよくぞ言ったものだ。外見的には似ているようでも、それぞれが独自の味わいを貫いている。それらを1年あまりの間に探訪した記録である。

清浄な環境で続く東京の酒蔵

昭和５４年（１９７９年）１月２０日の朝、ＮＨＫの番組『テレビロータリー』で「東京地酒物語」というのが放送され、筆者がそのレポーターを務めた。なにせ１５分間の番組なので、取材したのは都内の丸真正宗、福生の多満自慢、青梅の澤乃井の3軒だけだった。

当時、東京には１８軒の蔵元があった。筆者はこのレポートの最後に、「酒を造れるためには清浄な環境で、仕込みに使う水が良くなければいけません。それは人間が住める条件ですからね。

東北銘醸（株）の見学者入り口

東京の蔵元にはいつまでも頑張ってほしいものです」とコメントした。

　27年経ったところで、東京の蔵元はなんと9軒に文字どおり半減した。酒蔵の淘汰は全国的な現象とはいえ、それにしても寂しい限りである。そこで今も活躍する酒蔵のうちの8軒を見て回ってみた。以下は訪ねた順である。

金婚（東村山市）　豊島屋酒造（株）　☎042（391）0601

　東村山の金婚は味醂と合わせて3000石強の規模だが、この蔵元は実に多くの銘柄を有している。大吟醸の美意延年をはじめとして、金婚式、銀婚式、さらにはフランチャイズ商標として地元の東村山から新宿、浅草や、宮内庁だけで売られている二重橋、三越だけのお江戸日本橋、ルーツに因む純米無濾過原酒の十右衛門と、懐ろが広い。例えば、地元対象の中口タイプは東村山純米生酒（アルコール15～16％、精米65％、日本酒度プラス1、酸度1・6、720ミリリットル、1350円）で味の乗りがいい。過去10年間に全国新酒鑑評会で5回の金賞を得ている。11月の蔵開きには7000人もの愛飲家が集まって来る。

吟雪（武蔵村山市）　渡辺酒造（名）　☎042（562）3131

　吟雪の蔵元のルーツが造りに凝るのは純米酒を昭和36年から始めたことでもわかる。昭和49年には本醸造協会設立に尽力した。山廃の仕込酒を純米吟醸と本醸造とに分けて「江戸造り」としたのが昭和58年。その後も話題を呼んだ「あ、不思議なお酒」や、ライスパワーエキス入りの「米米酒」などにも参加して前向きな姿勢を続けてきた。
　酒蔵では蒸米などは昔ながらのコシキにこだわる一方で、サーマルタンクの導入などは早かった。また、酒蔵内の温度管理は絞りの部分にまで細かな配慮が行き届いていた。全体的に内容は濃く、しかもキレのいい酒質である。受賞歴も多く、中でも純米吟醸の親しみのこもったのど越しはいい。

多満自慢（福生市）　石川酒造（株）☎０４２（５５３）０１００
　福生の多満自慢の敷地内にあるビール小屋では地ビールの多摩の恵とイタリアン料理、蕎麦処・雑蔵では酒の各種と手打ち蕎麦と、飲食の妙味を知った人の足が年間を通して絶えない。
　多満自慢の全製品は同じ邸内の土産物店にも並べられていて、試飲もできる。ここで感心したのは「酒は楽しく」と題した限定酒で、これが０１年から毎年、一定の原料米で酵母を変えたものや、一定の酵母で原料米を変えたものなど、様々な試みで造られたのが並べられている。これらのデリケートな酒質の差異が楽しめるだけでも来た甲斐があるというものだ。地ビール業界不振の中でも、ここの地ビールは絶好調の１００キロリットルを造っている。

喜正（あきる野市）　野崎酒造（株）☎０４２（５９６）０１２３
　先祖が喜三郎だったことから、喜笑、喜正の酒名が候補に上がったが、笑は不祝儀の時にはまず

いということで喜正とした。

原料米には山田錦、美山錦、五百万石、白樺錦などを使い分けて、10年ほど前から若い南部杜氏が腕を揮う。側の城山からの軟水の湧水で仕込むことから湧水仕込・しろやま桜の酒名もある。

含んだ酒の印象は、優しさの中にシンがしっかりと通っている。中吟は600～750キロリットルのタンクで、純米は1トンのタンクで仕込んでいた。春先は在庫が膨らむものの、暮れが近づくと中吟や純米などは足りなくなるといい、純米は徐々に伸びてきた。全国の鑑評会では平成16、17年と2年続けての金賞。

千代鶴（あきる野市）　中村酒造場　☎042（558）0516

酒蔵のある秋川は鮎釣りでも知られたところだが、その川に鶴が飛来したことで命名した。この蔵元は、2年続けて全国金賞を得たが、その翌年は落とした。火入れのタイミングが若干早かったからではないかと反省し、それを元に戻して1週間ほど遅らせたら、再び金賞を得たという。その杜氏の経歴が変わっている。北大の理系から中央大学の法科へ進んだ後、この途に入った45歳の新鋭である。

仕込水は地下170メートルのところの中硬水で、酒通向きの味を磨いている。酒蔵の側には展示所があるが、社長は謙遜して言う。「道すがら寄られたお客様で馴染みになって下さるのは、うちのような

無名の酒には発見の喜びがおありになるからでしょうか」。

嘉泉（福生市）　田村酒造場　☎０４２（５５１）０００３

嘉泉を訪ねるのは２０数年ぶりである。設備の面ではかなり行き届いていた。以前来た時は、精米６５％に磨いた特級（当時の表現）並みの二級酒（同上）が印象的だった。その名も幻である。その幻は今も健在で、精米は６０％と上げていた。日本酒度プラス３、酸度１・７の辛めで幅のある味わいに昔を思い出した。他でも辛口のお燗酒の極め付け辛口など、嘉泉の客には辛めの受けがいい。さらには、特別純米の福生生まれ、純米酒の玉川上水なども売れ筋である。

場内のショールームには全製品がスタンバイしていて、「丁寧に造って丁寧に売る」という昔からのモットーは今も変わらない。

澤乃井（青梅市）　小澤酒造（株）　☎０４２８（７８）８２１５

この酒蔵は昭和６３年（１９８８年）に中小企業合理化モデル工場として、当時の長官から指定されるなどしたが、今では多満自慢と並んで見学客が多い。

洞窟の中の硬度のある岩清水は２０数年前に取材に来た時と変わらない。昔は酒蔵の内部が見られなかったが、今回は隅々まで見せて頂いた。高度な醸造設備が整ったのは平成４年とのことだった。その後に設置されたのは木桶である。木桶仕込みは岩手のあさ開

や宮城の浦霞などの酒蔵でも見たが、オーソドックスな造りへのこだわりという点で見逃せまい。ここではそれに野条穂という幻の原料米を使っている由。木桶には得もいえぬ温もりがあり、これは一飲の価値がある。

丸真正宗（北区岩渕町）　小山酒造（株）　☎０３（３９０２）３４５１

都内でただ一軒の丸真正宗を訪ねたのは２６年ぶりだった。今では地下鉄南北線の赤羽岩渕町ができて、足の便が良くなった。酒蔵は平成１５年（２００３年）に大改築し、温度コントロールによって通年で生産可能な設備を整えた。かつては新潟杜氏だったが、今はベテランの南部杜氏の指導で若手が育ってきた。地下１３０メートルの中硬水の仕込水は昔と変わらない。

東京の他の蔵元と同じく、東京国税局指導の吟の舞、ぎんからなどの他、荒川物語というアルコール１３・４％の低アル酒も好評だ。この蔵元ののど越しのいい酒質は都会向きの一面を象徴している。

独自路線ながらも協調しての静岡地酒まつり

9月になると東京・神田の如水会館で「静岡県地酒まつり」が開かれる。県下の蔵元が自慢の酒を持ち寄って、試飲は自由、オードブルが付いて3000円会費である。500人ほどが参加するが、人気が高いので前売り券が発売になるとすぐに売り切れるそうだ。前に上梓した筆者の本でこの催事を紹介し、折あれば静岡の蔵元を取材したいと書いたところ、酒造組合が11の酒蔵の取材の段取りをしてくれた。

たまたま出発の前に、知人の女性が沼津の沖合に停泊する船のホテルへ出かけたそうで、「夕食の際にお酒を飲もうと思ったら、720ミリリットルの静岡の地酒が1万6500円だというので、あまりに高いから頼まなかった」というではないか。銘柄は磯自慢とのことである。もしかすると、ホテル側が勝手に幻の酒のような解釈をしているのかもしれない。こんな値段を末端で付けられる蔵元としてはどんな気分なものか訊いてみたいと思ったが、組合の段取りの蔵元の中にはリストアップされていなかった。

白隠正宗（沼津市）　高嶋酒造(株)　☎0559(66)0018

白隠禅師に因む白隠正宗はほんの350石ながら自家精米機を備えていて、年によっては米が毀れやすいからと、その年は山田錦40%などは100時間近くかけて磨いたという。しかも普通酒（これはそのシーズンでやめて本醸造とする）までも麹蓋を使うというから念が入っている。杜氏は北海道と関西での造りを体験した人で、

この蔵では6年近くになる。当主が「ひと晩飲み明かしても厭きない酒質を心掛ける」というだけに香りよりも含らみのある味の旨みが心地いい。東京農大では酒ではなく、醤油の麹造りに熱を入れていたという経歴も面白い。とにかく他の蔵にはない独自のものを造りだそうとする姿勢で一貫しているところが気に入った。

富士錦（富士郡芝川）　富士錦酒造(株)　☎０５４４(６６)０００５

富士郡芝川町のこの酒蔵では、毎年3月半ばの日曜日には1万5０００人もの人々が集まる盛大な蔵開きがある。酒蔵の周囲には山田錦の自家栽培の田んぼがあるが、そこは刈り取った後なので広い臨時の宴会場となる。そもそも村おこしの一環として発足したから周辺の人々の手伝いがあるのも微笑ましい。

この蔵元、昭和４６年(１９７１年)に県下で最初に純米酒を打ち出した。その後も純米酒部門で2年連続の県知事賞を得た他、受賞歴は多い。造りには杜氏をはじめ蔵人5人が岩手からやって来る。仕込水は前記の白隠正宗と同様に富士山の雪解け水で、これが地元で開発された静岡酵母とうまくマッチする。製品は全体的にソフトでのど越しがいい。

英君《えいくん》（庵原郡由比）　英君酒造(株)　☎０５４３(７５)２１８１

英君の酒名は昔から知っていた。サンロックという３６度の酒を手がけたグループの中で率先していたからである。その酒の名残りが今もあり、熟成されたサンロックに純米原酒などをブレンドして２５度にした十年熟成が２０年前のラベルのままなのは懐かしい。

技術にも先駆けていた。3キロメートルも離れたところの山を山ごと買い取ってそこの水を導き、さらに噴霧状にして鉄分を除去する装置や、十数年前に入れた精米機の新中野の機種を600石の今も駆使している。また前記の富士錦と協力して試験所で開発した麹ロボットを使いこなし、「ホッとする癒し系の味を心がけたい」と若い当主はいう。

臥龍梅《がりゅうばい》（静岡市清水区）　三和酒造（株）☎0543（66）0839

三和酒造の名称は3社が合併した時に付けたものだが、今では鶯宿梅の銘柄で出ていた鈴木家がとり仕切っている。3社合併の時の静ごころや、純米酒の羽衣の舞などもあるが、現在は臥龍梅の銘柄に力を入れている。この酒名は興津の清見寺にある梅の古木に因むもので、徳川家康公が植樹したと伝えられている。その清見寺を案内されたが、このような歴史の跡は大切にしたい。

平成17年（2005年）の南部杜氏協会の鑑評会では、この臥龍梅が堂々の二位を獲得し、平成18年までの9年間に全国金賞は5回受賞している。純米大吟醸・無濾過生原酒の臥龍梅の味の深みは、昔からの静岡の地酒のイメージを大きく塗り替える。

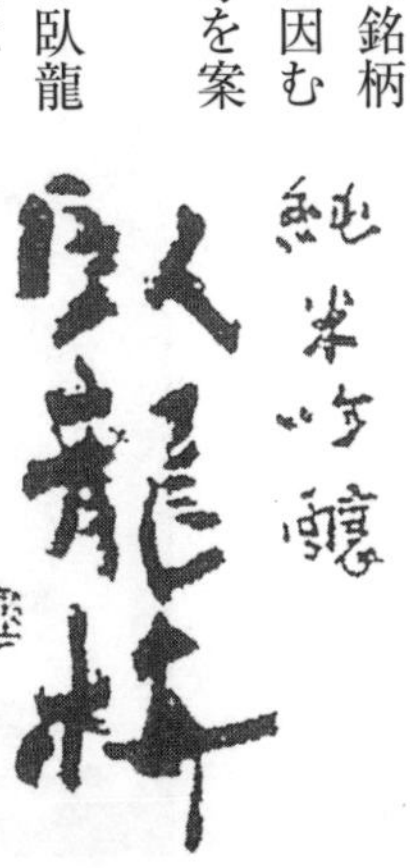

初亀（志太郡岡部）　初亀醸造（株）☎054（667）2222

昭和40年代には全国、県、農大などの各種鑑評会の上位を総なめしたこともあり、昭和50年代には東京の百貨店で1升1万円の酒を出したことで話題を呼んだこともあった。

　現在の当主は五代目だが、三代目が地元の町長であると同時に設計技師だったこともあり、その名に因んだ富酒蔵を案内された。能登からベテランの杜氏など6名が来て、1000石ほどの酒を丁寧に仕込んでいる。黒龍という福井の酒蔵を取材したことがあるが、ここもそこと共通する部分が多々あった。系列の酒販ルートで7割、残りを県外へ出荷してこだわりの味に賭けている。

志太泉《しだいずみ》（藤枝市宮原）　（株）志太泉酒造　☎054（639）0010

　この蔵元で驚いたのは、普通なら裏貼りに使うラベルを前面に出していたことだった。「志太泉」H16BY純米吟醸原酒、原材料・米、米こうじ、アルコール17〜18％、使用米・山田錦100％、精米歩合50％、日本酒度プラス1、酸度1・9、もろみ日数37日、粕歩合44・6％、杜氏・田中幸夫（南部）、加えて蔵元からの出荷日が印されている。蔵元の自信作なればこそだろう。

　蔵元では「人間の五感の練磨で、微生物が一番良い酒を作る生育条件を整えることが最大のテーマ」として、すべてが箱麹法で、醪日数も長めに取るなどを心掛けている。社長が不在で80歳の会長に応対して頂いたが、その昔、佐々木久子さんがこの酒蔵を訪ねた由で、そんな話にも花が咲いた。

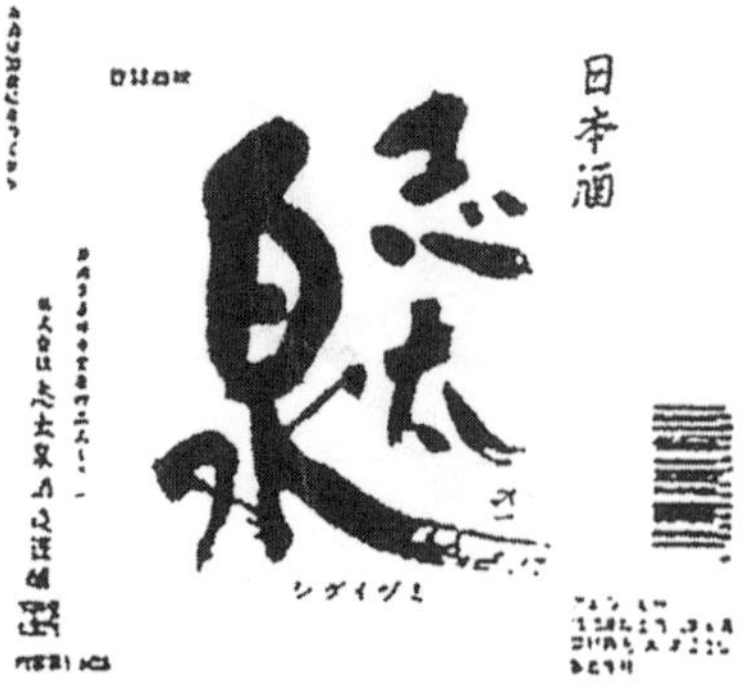

若竹（島田市）　（株）大村屋酒造場　☎０５４７（３７）３０５８

鬼ころしやおんな泣かせなどで知られるこの蔵元、近年に本社屋を改築して来客のための試飲室や会合の場を充実させた。今では春と秋に「地元の食文化を見直す会」を開いたり、田植えの会を親子で催したりしていて、今年の田植え会には６０組１２０人ほど参加したという。

筆者が訪ねた時には、秋の生一本ということでのひやおろしの準備をしていたが、ここには驚くほどの製品の種類があり、酒名の大村屋は蔵元の屋号である。そのうちの鬼ころし辛口は、プラス１２、酸度１・４でもメーターほどの辛さは感じない。造りの時期には南部杜氏をはじめ総勢９名で当たっている。

萩の蔵（掛川市）　（株）曽我鶴・萩の蔵酒造　☎０５３７（２１）０３３３

蔵元の経歴の変り種ということでは、ここの当主の右に出る人は少なかろう。萩原吉宗という５０代半ばのこの当主、これまではマイクロコンピューターの技師としてかなりの実力の持ち主なのだが、考えるところあって7年間休造していた酒造りを手がける気になった。

かつての曽我鶴に加えて、自分の名からとった萩の蔵や酒楽々、平成１８年のＮＨＫ大河ドラマ『功名が辻』の山内一豊にちなむ掛川城・一豊や掛川城・千代などもあり、静岡の酒の中ではハードドリン

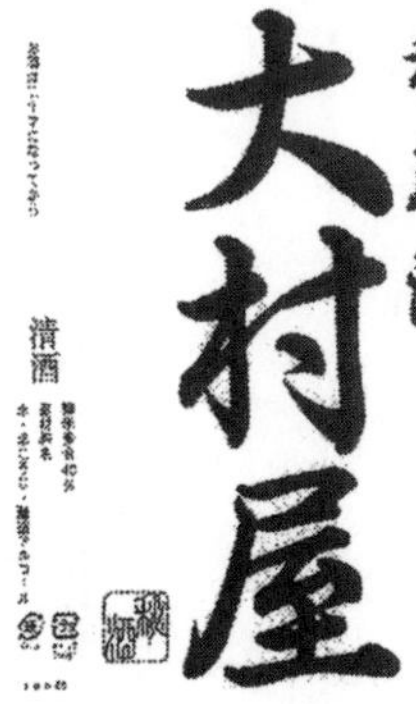

カー向きといえようか。ただ、この蔵元を訪ねた後、9月の県の試飲会では酒質が格段に良くなっていた。この当主とは一夜、酒杯を共にしたが、話題が豊富でいずれ別の機会にでも紹介したい。

開運（掛川市）　（株）土井酒造場　☎０５３７（７４）２００６

久しぶりに訪ねてみて、以前にはなかった新中野ＮＦ３２の精米機や、地元の工業技術センターが開発した一時間に３００キログラムを処理する洗米機などがスタンバイしていた。これで麹や蒸しが非常に良くなったという。設備の面でかけるべきところによくかけているのだ。

広く評価の高い開運だが、県外へは約3分の1を出している。酒通の間でもファンが多くて、中でも杜氏の名を冠した波瀬正吉の人気は高く、その奥の深い風味の印象は忘れがたい。酒通なら一度は試飲されるといい。全国新酒鑑評会の後で催された平成１７年のＮＰＯ法人吟醸酒研究機構では、１０１９点の出品酒のうちで一位を射止めた。全国新酒鑑評会の金賞は平成１８年までの８年間に6回の受賞。

千寿（磐田市）　千寿酒造株式会社　☎０５３８（３２）７３４１

蔵元では、サッカーのジュビロ磐田が地元の名を高めてくれたと喜んでいる。酒名は平家物語にも登場する白拍子・千寿に因む。

地下１５０メートルの仕込水は天龍川の伏流水でこの好適水を得て新潟杜氏など5名が造りに当たる。ひと口に純米酒といっても、コクのあるタイプやキレのあるタイプなど4種類を醸し、本醸造は日本酒度プラス7、酸度1・3～1・4。県下では辛めの部類ではあるが、旨さをよく乗せている。他には農大で研究を進めているナデシコ酵母やベゴニア酵母などの花の香りの酒にも力を注いでいる。東京では大星岡村の酒問屋の扱いで出ている。全国の金賞は平成18年で2年連続。

花の舞（浜松市）　花の舞酒造（株）　☎053（582）2121

8000石というのは今回訪ねた蔵元では最も多い。しかもここでは「静岡県産100%」の表示を肩貼りに添えている。したがって山田錦、五百万石といってもすべて地元にこだわるから、一方でリスクも大きいわけである。昔は広島の杜氏だったが、今は生え抜きの土田一広さんが腕を揮い、受賞歴も多い。原料米ばかりか造り手も地元というわけだ。

味は酒名どおりの華やかさと同時に心地いい幅があり、地元の浜北や浜松などによく浸透している。近頃では蔵元の直営ではないが、関東方面に花の舞の看板を掲げた200軒ほどの居酒屋にも置いてあり、都心のデパートへも進出してきた。

温暖地のハンデを克服の千葉

新潟県や秋田県など酒の仕込み期が比較的に寒冷なところとは違って、温暖な房総半島はその点でハンデがあったが、近頃ではやはり温暖な静岡県が注目されているように、技術面での進歩が千葉県産の酒質をぐんと引き上げた。

千葉県下の蔵元は３８社あるが、今回はそのうちの１４社を二泊三日で視察した。造りとしてはいずれも小規模ながら、それぞれが独自性を生かそうと努力している様がひしひしと伝わってきた。

東薫（香取市）　東薫酒造(株)　☎０４７８(５５)１１２２

伊能忠敬の出生地として知られる佐原の東薫は、黄綬褒章を受章した南部杜氏協会会長の及川恒男氏のホームグラウンドでもある。ここには南部流の味の幅がしっかり根づいている印象で、平成１８年の全国新酒鑑評会で金賞を得た酒の味の奥行きはそれを如実に物語っていた。

大吟醸・叶《かのう》や二人静、有機純米吟醸・卯兵衛の酒などが代表銘柄だが、二人静の酒名は当主のご母堂と夫人の名前が共に「静」だったことに因む。そのご母堂が亡くなられた後で、愛犬に「静」と名づけた。この犬がなかなかの日本酒好きでしかもマナーがいい。立寄る見学客にも人気で心温まる。水郷・佐原の観光客は、当蔵元や近くの海舟散人にもよく立ち寄っている。

海舟散人（香取市）　馬場本店　☎０４７８（５２）２２２７

ルーツが勝海舟と親交があったことから酒名とした海舟散人は、いたって品のいい大吟醸である。他に雪山吟醸、純米吟醸・すいごうさかりなどもある。東薫と同じく手造りの姿勢で一貫している。

ここの独壇場ともいえる製品は味醂《みりん》である。江戸時代の後期に造りはじめて今に至っている。蒸したモチ米に麹米を混ぜて米焼酎をベースに仕込むのだが、醪の日数は清酒よりも長く手間をかけているとか。

この「最上《さいじょう》白味醂」はクチコミで広がり全国の著名な和、洋、中華の料理店から直かの注文も数多い。味の深みと甘味は確かに絶品といえるだろう。

五人娘（香取郡神崎）　（株）寺田本家　☎０４７８（７２）２２２１

「代々、女系家族でして……」ということで名づけられた酒名のようだが、ここの純米酒の「娘」は生酛でも菩提酛という古来の造りで、味に深みが添えられている。他に純米吟醸の五人娘もある。

また、やはり生酛で造られた地元の香取神宮の御神酒・香取には純米８０、純米９０などがある。これは表示のどおり、精米歩合を８０％や９０％で練り上げてある。さらには酸味に特徴のあるきわめて味の濃い発芽玄米酒・むすひ（び）など、ローカルには珍しい都会型ともいえる個性的な製品が多い点が注目される。また、この蔵

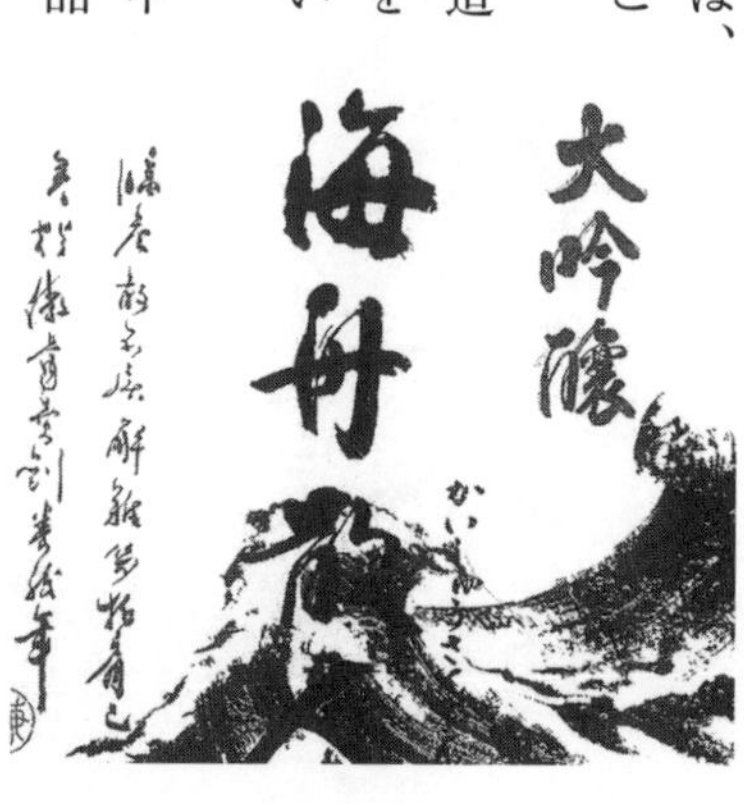

元では除草剤など一切使わない完全無農薬米にこだわってきた歴史もある。

仁勇《じんゆう》（香取郡神崎）　鍋店（株）　☎０４７８（７２）２２２５

千葉県には古くからの蔵元が多いが、ここは創業が元禄2年だから３００年を超える。成田山新勝寺の近くや、灘などにも酒蔵があったが、今では神崎の地に統一した。

県内では量的に多いにもかかわらず手造り姿勢を崩していない。千葉県は全体に仕込期の温度が高いため、ここでは仕込水を細粒の氷にして使っているのも特徴で、他にも蔵内の随所にここならではの独自の工夫が凝らされていた。大吟醸五年古酒・鍋屋源五衛門をはじめとしてメイン銘柄の仁勇、ソフトに仕上げた花山水、不動、完全無農薬で山廃仕込みの天恵などの他、味の層は驚くほど広い。成田山詣での途中にある直営店に立ち寄る客も多い。

甲子正宗（印旛郡酒々井）　（株）飯沼本家　☎０４３（４９６）１１１１

「東京に近い森林に囲まれた酒蔵」ということで探すなら、酒々井《しすい》の甲子《きのえね》正宗にとどめを刺す。ここは酒蔵見学だけでなく、新潟から移築した「まがり家」資料館を解放している。創業は元禄年間と古いが、鉄筋コンクリートの蔵を昭和３２年に建てて以来、機械化と手

造りをうまく併用している。
製品は金賞受賞酒や大吟醸・枠一撰をはじめ数多いが、他にも飽きのこないロングセラーの吟辛《ぎんから》や、純米大吟醸・夏しぐれのような、絞りたてをマイナス5℃以下で保存したキリッとした風味の酒など、味のバラエティに富む。暇をみて一度、酒々井のこの酒蔵を訪ねてみられるのをお奨めする。

木戸泉（夷隅市）　木戸泉酒造（株）　☎0470（62）0013

かねてより関心を抱いていた蔵元である。なるほど、故・坂口謹一郎氏が目をかけておいでだったのがわかる。自然農法米での高温山廃酛にこだわって、エキス分、酸が多く、熟成に耐えられる酒造りにかける情熱が伝わってくる。なにしろ、淡麗な酒が巷にあふれる中でも木戸泉は濃厚な味を推し進めてきた。そしてそれを熟成させることで面目を発揮したのである。
例えば、純米AFS《あふす》2005という一段仕込みの酒は山田錦、美山錦60％精米、日本酒度マイナス25、酸度4・5、アミノ酸2・1が500《ミリリットル》で1050円。豊かな酸味と独特の丸みは一度口にしたら忘れまい。筆者にとって、熟成酒は少々飲み過ぎた時でも後に残らなく、身体にやさしい酒なのだ。

岩の井（夷隅郡御宿）　岩瀬酒造（株）　☎0470（68）2034

享保8年（1723年）から酒造りを始めていたという老舗蔵で、母屋は御宿一の古さである。三十余年ぶりに蔵元を訪ねたところ、

昭和46年に筆者が書いた『日本の銘酒地図』という本が置いてあった。そこには金賞受賞のことも書いてある。当時の社長は御宿の海女の写真を数多く撮っていて、そんな写真のパネルが応接室に酒と一緒に飾ってあった。

ここの岩の井・古酒が日本航空のファースト・クラスに搭載されているというので、日航の客室乗務員で唎酒師の女性が取材に来たことがあり、「シェリー酒のような香りとハチミツのような味わい」と評していた。総じて仕込みの水質は灘の宮水以上の硬度だという。それがしゃきっとした岩の井の芯になっている。

東灘（勝浦市）　東灘酒造（株）☎0470（73）5221

ここでは、仕込水として少し離れた山の中硬水の湧水を運んできて使っている。平成17、18年の全国金賞を得た杜氏は「ひとくちに金賞といっても全国それぞれ違うものですね」と感慨深げに言う。その雰囲気を伝えるのが鳴海《なるか》という無濾過生吟醸で山田錦を50%精米の日本酒度プラス4、酸度1・3の酒だろう。

勝浦の朝市は有名だが、その名の純米吟醸・朝市娘や、房総夢街道・吟醸なども土産物屋の売れ筋のようだ。勝浦の海の幸が毎日送られてくる「勝浦よろず萬べえ」という東京の居酒屋ではニゴリ酒や絞りたて生酒などが人気を呼んでいる。

腰古井（勝浦市）　吉野酒造（株）☎０４７０（７６）０２１５

この酒蔵は勝浦でも海抜１００メートルほどの小山の中腹にある。その近くの横穴式の洞窟から湧出する水を口に含むと得も言えない繊細さで、硬度が１・６とのことだからうなずける酒造好適の軟水である。吟の舞と大吟醸、それにその年の全国での金賞酒を試させて頂いた。クリーンに磨き上げられた印象で統一されている。いたって穏やかで品の良いまとまりといえるだろう。

酒蔵から少し下ったところに多くの別荘地が並び、そこの人たちがよく酒を買いにみえるそうだ。そんな時には凍らせた仕込水を差し上げると喜んでくれるという。極上のミネラルウォーターのサービスがいいではないか。

寿萬亀《じゅまんがめ》（鴨川市）　亀田酒造（株）☎０４７０（９７）１１１６

昭和４０年に仕込み好適水を探し当てるまではかなりハードな酒だったようだ。それが山歩きの末、硬度２・５の好適な軟水を得てからはソフトな旨酒が得られるようになり、それまでの愛飲家が新タイプに馴れるまでには3～4年かかったという。その後、淡麗で辛めの新潟タイプが時流に乗ってからは、広い愛飲層に広がった。この蔵元は縁あって、毎年明治神宮新嘗祭の御神酒としても奉納されている。

現在は１９７６年秘蔵古酒、大吟醸・見返り美人をはじめ種類は

多く、ビワ酒、イチゴ酒、レモン酒などのリキュール部門にまでも広げている。

福祝（君津市）　藤平酒造（株）　☎０４３９（２７）２０４３

長男が小学校６年生の時に当主が４４歳で亡くなられた由で、現在では大学を出たその長男と二男とで３００石ほどの酒造りに当たっている。酒蔵は、君津のメインストリートに面して商品を並べる家屋とは離れたところにあり中硬水で仕込んでいる。

創業者の名にちなむ純米大吟醸・藤崎屋久左衛門は精米４０％、日本酒度プラス１、酸度１・３（１・８リットル８０００円）をはじめとして十数種の製品が並んでいるが、近頃は純米酒の売行きがいいとのことである。福祝の酒名は福が七つ重なる七福神の縁起から。ここ７年間には５回の全国金賞を得ているのも特筆される。

吉寿（君津市）　吉崎酒造（株）　☎０４３９（２７）２０１３

ここ君津はまた、上総《かずさ》掘りと呼ばれた井戸から良質の水の湧出するところで、この蔵元では地下４００メートルの軟水を使っている。和釜が使われているのはこの地方では珍しくないが、製麹室の断熱材がワラとモミガラだけというのは今では珍しい。

メイン銘柄は吉寿だが、大吟醸、純米大吟醸クラスには月華の酒名を使っている。本醸造クラスは日本酒度プラスマイナス０、酸度

ふくいわい

１・３ほどの中口タイプで出ている。東京の問屋などへは春は純米吟醸の花見酒、秋はひやおろし、新年には絞りたて、と季節感を添えて出している。

飛鶴《とびつる》（君津市）　（株）森酒造店　☎０４３９（２７）２０６９

吉寿とこの蔵とは車で１０分と離れていない。そこでこの蔵へ来ている新潟杜氏が吉寿も兼務している。吉寿の仕込みを終えて飛鶴へ行き、そこの仕込を終えて絞りに吉寿へ、そして飛鶴へと廻る。だからといって、酒が似ているわけではなく、蔵ぐせ、仕込み配合、水などが違えば自ずと酒は変わる。

吉寿に比べると、飛鶴の方が全体的には辛めといえようか。ここでは北の上望陀《かみもうだ》というところの低農薬、天日乾燥の米を使っている。日本酒度プラス５、酸度１・９のすっきりとした辛口風味で評判がいい。

峯の精（君津市）　（株）宮崎酒造店　☎０４３９（３５）３１３１

県酒造組合会長も務めた先代が数年前に亡くなられた。それまでの新潟杜氏が老齢のため南部杜氏に変わったが、造りは好調で受賞歴も数多い。所在地である「峯」で生まれたまじりけのない優れたもの、として酒名にした。

原料米には山田錦の他では県産米の総《ふさ》の舞を多く使っている。酒

蔵は高台にあり、敷地の中央に御神木ともいうべき巨大なシイの木が聳え、そばには酒の直売所もある。地元でよく飲まれる晩酌の酒質が日本酒度プラスマイナス0、酸度1・2。一方で、精米40%の大吟醸(720ミリリットル2200円)の人気も高い。製品は全体に品の良さが漂う。

吟醸、純米比率の伸びた山口県

平成16年(2004年)の日本醸友会の講演に出たが、なにしろ酒造りのベテランの集まりだけにあまりご存知ない話がよかろうかと、酒のマスコミ界の裏話をしたところ大いに関心を示してくれた。同会の別の講師に山口県の獺祭《だっさい》という蔵元がみえていた。1000石ほどの酒の造りの97%が純米吟醸だと言う。

今や全国的に日本酒が低迷している中で平成17年の対前年比が吟醸は101%、純米吟醸は108%と2つの酒類が伸びていたのは山口県だけなのだ。獺祭がその数字に貢献していたのは言うまでもないが、全部で21軒ある蔵元の中にはそのように内容の充実した酒造りも見られるはずと思い数軒を巡ってみることにした。

なにしろ20年ほど前には県下には94軒もの蔵元があったが、多くは大手の下請け(未納税移出の桶売り)をしていた。五橋のように首都圏へ早くから進出しているところもあるにはあったが、それはごく一部だった。現在の21軒というのは県の酒造組合に加盟している蔵元で、全部で1万5~6000石を造っている。他に、組合に加わると負担する賦課金が厭だからと、独自に経済酒造りに励んでいるところもないではないが……。

山頭火(山口市)　金光酒造(株)　☎083(989)2020

空港から車で30分のところに山頭火の酒蔵がある。かつて酒蔵があったところが俳人・山頭火の生家跡だったことに因むが、以前は黄金《こがね》の波の酒名だった。山頭火の命名は40年ほど前だが、なんでも永六輔がラジオで山頭火という酒があると話してからよく売れはじめたとか。

仕込水は地下90メートルばかりの伏流水で、ベテラン杜氏とそれを補佐する若手で醸し平成12、14、15、18年に全国金賞を得ている。酒は香りよりも味にポイントが置かれていて、全体に真っ正直な造りの印象だ。秀逸は山田錦40％精米の純米大吟醸（720ミリリットル＝3000円）だろう。

雁木《がんぎ》（岩国市）　八百新酒造（株）　☎0827（21）3185

岩国の錦川の河口に酒蔵があることから錦の誉の酒名もあるが、近くの河岸の船着場の階段がある桟橋をガンギと呼ばれたところから名付けられた。明治29年の創業者・新三郎と妻・菊の名にちなんだ新菊や、当地が白蛇の生息地であったころから金運白蛇などの銘柄もあった。それらの濃醇甘口からすっかり脱して、今は辛めで味のよく乗った雁木へと推移してきた。

雁木・純米無濾過（720ミリリットル＝2330円）のしっかりとした味わいが首都圏などで好評なのもわかる。ガンギといえば強情っぱりを指した方言だが、この風味はそんな中にも造りの細かな配慮が行き届いている。

かほり鶴（周南市）　（株）山縣本店　☎0834（25）0048

国内ではかほり鶴で出ている一方、かほりの酒名では輸出が多い。製造の3分の1強が輸出の純米だから純米酒比率はきわめて高い。

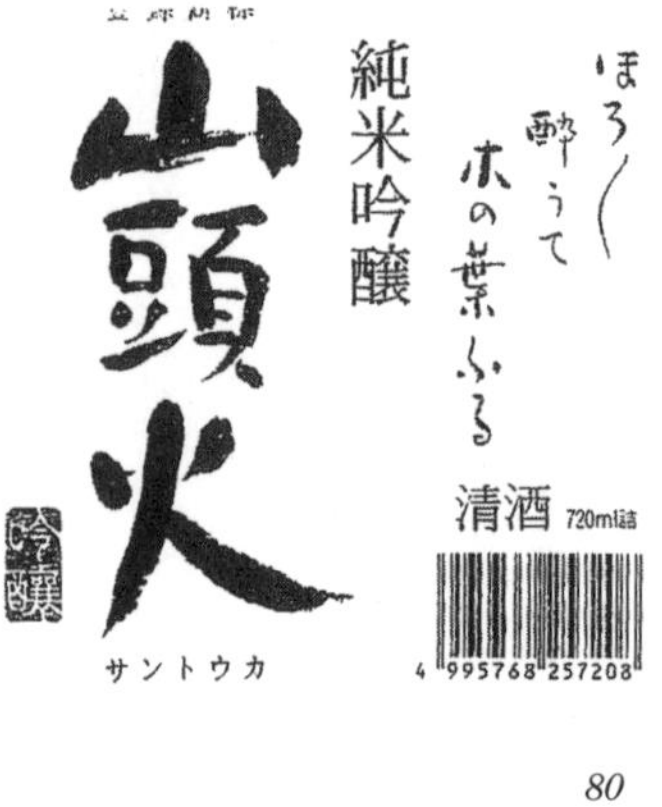

金光酒造株式会社
山口市大字嘉川5031

他にも毛利公、松陰などの酒名もある。当主によれば、外国人が思いのほか日本酒の香りに敏感なところから海外進出に意欲が湧いた由で、10年ほど前のパリの日本酒バーにはじまり、今ではニューヨークやシカゴの他、かなり外国への出荷を伸ばしている。

発酵中の温度帯で最も良い香りの部分を探したことからできた生酒・かほりが誕生したのは20年も前のことだった。13度という低アルコールにしては香り、味のバランスが絶妙のこの酒の出現にはインパクトがあった。他にも梅のかほり、夏みかんのかほりなどのリキュールも好評である。

長門峡《ちょうもんきょう》（萩市）　（有）岡崎酒造場　☎0838（54）2023

当主は36年前に萩の一〇正宗からここへ養子で来たという60歳。ケレン味のないお人柄がそのまま酒に映されていて、晩酌用の定番酒はいたってすっきりとしてクセのない飲み心地。日本酒度マイナス2、酸度1・2はこの地方ではやや甘口だが、その一方で平成12、13、15年に全国金賞を得てもいる。

昭和48年にダムができたのを機に仕込水のいいこの地に移り、しっかりとゆとりのある酒蔵を建てた。新山口からバスで1時間40分ほどの山に囲まれた静かな環境だが、萩までなら車で10分ほどという地の利だけに萩での消費が多い。地元名産の天然記念物・柚子のリキュールは20年来の製品である。

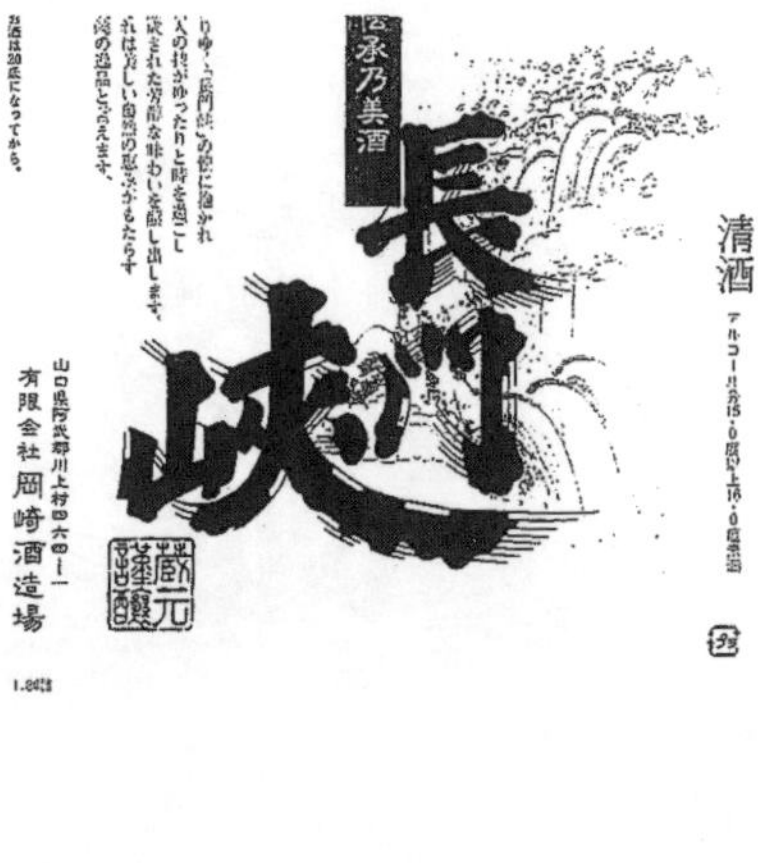

宝船（萩市）　中村酒造(株)　☎０８３８（２２）０１３７

すぐ側が河口に続く海で、シーズンには白魚が獲れるところから、純米大吟・しろうおの里の酒名や、勤皇の志士の故郷だけに生酒・長州志士や原酒・至誠などもあるが、メインの銘柄は宝船。それというのも漁港でもある当地の船の縁起もあって命名した。

吟醸や純米の造りには山口へ南下する途中の山間から好適の仕込水を運んできて使う。平成８、１２、１６年と奇しくもオリンピックの年に全国金賞を得ている。背伸びすることのない真面目な造りで、純米酒の精米６０％、日本酒度プラス５、酸度１・５、アルコール１５〜１６％で、キレのいい７２０《ミリリットル》＝１３２０円はお買い得ではないか。

貴《たか》（宇部市）　永山本家酒造場　☎０８３６（６２）００８８

名刺の肩書きには「杜氏」とあったが、実質的な蔵元の後継者である永山貴博氏が自分の名の「貴」の一字を酒名とした。そして、「酒はハイクラスになるほど純米で造るべきですから、純米大吟醸はありますが、単なる大吟醸は造りません」とポリシイがしっかりしている。

酒蔵の近くには自家栽培の山田錦の田んぼがあり、米に精通する永谷正治氏によると、山田錦なら黒い米でも真価を発揮するとのことから、８０％精米の純米酒も手がけるようになった。５年前に酒

蔵を手直しして、麹室など万全を期している。首都圏へ出荷する特別純米は、麹米が山田錦、掛米が八反錦で、このキリッとした風味は酒通向きというにふさわしい。

好適米・強力で個性味発揮の鳥取県

今から40年近く前に出た拙著『酒のふるさとの旅』(秋田書店)では、鳥取県の酒を「県下の醸造家は39軒で、これは中国地方では最も少ない。(中略)人口の57万5000人も全国で最も少ない。いや、むしろそれだからこそ県民1人当りの清酒の消費量は全国でも一、二位を争うほどなのだ」と書いている。それは県下の数多い温泉地へ県外から来る人々が大いに飲んでいくこともある。

現在、県下には24軒の蔵元がある。それらのうちで米子、倉吉、鳥取、それぞれの地区でとりわけ酒造りに熱心な3軒ずつの蔵元を訪ねてみた。

真《ま》寿《す》鏡《かがみ》(米子市)　(有)益尾酒造本店　☎0859(33)2211

蔵元が益尾酒造ということから益＝真寿とし、酒は鏡のごとく造り手を映して清らかなものだからと真寿鏡の酒名とした。米子の駅からは目と鼻の先にあるので見学には便利だ。酒蔵の中には「ますかがみ庵」というソバ処もあり、山田錦の米粉をつなぎとして使っている由で贅沢なものだけに量が限定されている。

メインは真寿鏡だが、純米吟醸・大山郷や同じく純米吟醸・大山の恵み、大吟醸・神将などのしゃきっとした風味に加え、ソフトな吟醸・月子、本醸造生貯蔵酒・上淀などが色を添えている。ここ米子から宍道湖をぐるりと一周する観光コースが話題を集めていて、米子の蔵元はその基点として客足も増えそうだ。

稲田姫（米子市）　（株）稲田本店　☎０８５９（２９）１１０８

境港から魚介類を直送する東京の料飲店「稲田屋」は、今では都内に7軒の系列店に広げている。この店のいいのは酒をあまり利益商材にせず、料理も全体にリーズナブルだ。

稲田姫とは、出雲の神話にある八岐のおろちに登場する美女の名前に因むもので、酒質はゆったりと幅のある風味で心地いい。古くから地元に根づいているトップ水雷は日露戦争の当時に東郷平八郎元帥が命名したことで知られていて、現在では特撰、上撰クラスの酒に使われている。さらに粕取り焼酎・枯草は昔ながらの木製蒸篭により枯草を思わせる個性味で訴えかけてくるのがいい。

千代むすび（境港市）　千代むすび酒造（株）　☎０８５９（４２）３１９１

『ゲゲゲの鬼太郎』で知られる水木しげる氏のふるさとでもある境港で唯一の地酒である。そこから銘打った鬼太郎ボトルのシリーズは土産物で好評だ。本命はあくまでも千代むすびの大吟醸・斗瓶囲しずく酒で、それに続く大吟醸・完熟純米に加えて、杜氏歴５０年の岩代忠義の名を取った純米大吟・忠、一升の酒を造るには米粒が約8万８００個も使うことから純米大吟・八万八百、半年ほど前に出た微発泡純米吟醸・小悪魔まで、３０種近くの製品がある。熟練した杜氏の手になるだけに奇をてらったところがなく、素直に喉を

越す。ここではとりわけアメリカなどへの輸出も含めた県外出荷も多いために県内と県外は半々くらいである。また、地元のサツマイモを使った本格イモ焼酎・浜の芋太などにも力を注いでいる。

八潮《やしお》（倉吉市）　中井酒造（株）　☎０８５８（２８）０８２１

　古くから三朝温泉の老舗旅館などに浸透している銘柄として知られているが、近頃は姉妹品が続々と打ち出されてきた。オーガニック（有機）による山田錦で醸した純米大吟醸・重蔵、純米大吟醸・丈、その無濾過生原酒、地元の野添産の五百万石による純米吟醸・野添、さらには地元の農業高校の生徒たちが栽培した強力《ごうりき》（この説明は後述）による文字どおり力強い純米大吟醸・強力など、酒通の喉をくすぐる味の厚みがいい。

　中でも農業高校の生徒たちの場合には田植え、収穫、さらには熟練した杜氏の指導で造りに一貫にして参加したうえに、東京の新宿・小田急百貨店での販売にまで立ち会うというから、念が入っているではないか。

山陰東郷（東伯郡湯梨浜）　福羅酒造（有）　☎０８５８（３２）２１２１

　東郷池の側にある山陰東郷は、地元の東郷温泉、はわい温泉などに酒がよく入っている。多くは上撰や特別純米だが、平成１４年

（13酒造年度）から3年続けて新酒鑑評会で金賞を得ているだけに、時には「金賞の酒を」という客もある。杜氏は10年ほど前までは島根県の津和野の酒蔵にいたことから、向こうでの酒に比べてこちらの酒質は辛く感じられたという。特別純米を試させてもらった。それは肩貼りに「辛口」とある。原料米は玉司で精米60％、9号酵母使用で日本酒度プラス5、酸度1・7と数値では少々辛めながら、口にした限りでは味の幅もあって辛さは感じない「旨口」だ。

当地は温泉の他に梨の産地でもある海辺に近いことから「湯梨浜」の地名で、その名の銘柄もある。

三朝正宗（東伯郡三朝）　藤井酒造（資）　☎0858（43）0856

ごく少量の造りながら、多くを熟成酒として白狼の銘柄で出している。毎年、この蔵元では千葉県の幕張メッセに独自に考察した竹の徳利を並べて出展し、話題を呼んでいたことでも知られている。

三朝温泉では唯一の蔵元だけに、温泉客が見学に立ち寄ることも多い。その店頭には15年熟成の白狼と並んで8年熟成の三徳桜というのもある。これは近くの三徳山に因む。三徳山の開山1300年を記念した御神酒として檀家が手がけた新米を使ってほしいと頼まれ、三徳山・御幸権現というにごり酒を造るなどもした。この蔵元が貯蔵する熟成酒は年ごとに7000本から8000本の規模だけに、これからも大事に売っていく意向だという。

美人長（鳥取市）　（有）西本酒造場　☎0857（85）0917

10年ほど前に、蔵元の長女である西本恵美さんが中国五県の醸

造家の間で催された唎酒コンテストで優勝したことがあった。そのお嬢さんの「恵美」から笑と命名した酒がある。斗瓶取りの純米大吟で、ほのかな香りとゆったりとした味の広がりがいい。そのお嬢さんは今では奈良の蔵元へ嫁いでいるのだが、筆者が訪ねた11月には実家へ酒造りの手伝いに帰っていて、出麹の処理から洗米などに率先していた。

父親の当主によれば、最初の1本だけは普通酒で洗う感じだが後は純米酒などの特定名称酒だという。販売は地元が大半で、ごく一部を大阪方面に出しているが量が少ないので東京へはとても無理だとか。この品のいい風味は都会で受けそうな感じだが……。

日置桜（鳥取市）　（有）山根酒造場　☎0857（85）0730

日置の地名を酒名とした。敷地内の日置桜資料館から近くの和紙工房などを巡る観光客もあるようだ。

原料米の山田錦などは地元農家の山田錦栽培会から入れている。製品の層は純米大吟醸をはじめ多く、カットにあるラベルは特別純米酒の青水緑山。蔵元の当主が36歳の時に先代が亡くなられた由だが、その先代は県の最高技術顧問であり純米酒に入れ込んでおられた故・上原浩氏とはとりわけ親交が深かったという。これまでに訪ねた蔵元の多くも使っていた県の酒造好適米に強力がある。堅めの米で決して造りやすくはないが、それだけにアジもあり上原氏の

指導で各蔵元がこの酒米を生かしていた。それぞれ微妙にニュアンスは異なるが、強力の芯のしっかりとした風味は特に印象に残った。

福寿海（鳥取市）　中川酒造（名）　☎０８５７（２４）９３３０

強力の酒米に参加しているのは8社で、これまで訪ねた大半がそれだが、この蔵元では平成１７年（１６酒造年度）の新酒鑑評会へ強力を使った酒で出品した。それまで5年連続して金賞を得たのは山田錦だったから、杜氏とすればその記録を続けるには山田錦の方が無難だったろう。しかし思い切って強力で出品したところ、金賞こそ逸したものの入賞を果した。さらに平成１８年には強力で金賞を得た。

メインは福寿海だが、強力の酒はいなば鶴の銘柄である。いなば鶴・純米大吟醸・強力として春は生原酒、秋は冷やおろしで予約制の限定出荷をしている。内容は精米４０％、日本酒度プラス２、酸度１・６。力強さの中によく味が乗っている。

県知事を先頭にアピール　冒頭に県民１人当りの日本酒消費量の多いことに触れたが、それには県外から入ってくる酒も含めてのことである。県産酒のシェアということでは、２００５年のデータで２９・８％と決して高いとはいえない。

これではならじと県知事を先頭に「地産地消」に乗り出しているところであり、強力による純米酒のアピールもその一つである。さて、以上の蔵元から強力も含めた鳥取酒がどれほど頭角を現すだろうか。

酒どころ伏見での最新情報

伏見といえば昔から灘と並ぶ酒どころとして知られているが、昨今はどうだろうか……。平成13年に『伏見酒造組合一二五年史』という本が出た当時は33軒あった蔵元が今では28軒と減っていて、それぞれが独自の味わいある路線を敷いている。

伏見の酒蔵は2キロ平方メートルほどのところに集中していて、その中には酒蔵見学をいつも受け入れているところや、史跡として知られる池田屋などもある。とりわけNHK大河ドラマ『新撰組』が放映されていた頃には年間10万人を超える観光客があった。商店街活性化事業の一つとして、京都市が音頭をとった伏見の全銘柄を揃えて唎酒ができる「伏見夢工房」という店なども気がきいている。

酒造好適米として復活した「祝」は山田錦より値段の点では若干安い程度である。全部の蔵元が使っているわけではないが、近頃では米質がかなり改良されて伏見酒の看板の一つにもなっている。以下の住所はいずれも京都市伏見区であるために、それに次ぐ町名である。

招徳（舞台町）　招徳酒造(株)　☎075(611)0296

平安神宮にある「福以徳招」から命名した中堅蔵元。純米酒を手がけたのは早かった。やはり伏見の玉乃光などと純粋日本酒協会を発足させたのは1973年である。したがって、招徳の製品では純米

大吟醸・延寿万年、延寿千年をはじめとして、純米吟醸・まい、はななど純米酒のオンパレードだ。

伏見の蔵元の多くは地下５０メートルほどの中硬水を使っているが、ここも例外ではなく、白菊水とも呼ばれる名水は昔から変わらない。０６年の仕込みはタンク２８本で、いたずらに量を追わず、よく味の乗った純米酒である。また地元・京都産の梅、シソ、ユズを使ったリキュールも発売して好評を博している。前記の酒造好適米「祝」にも積極的に参加して、地元産を強くアピールしている。

玉乃光（東堺町）　玉乃光酒造（株）　☎０７５（６１１）５０００

玉乃光酒蔵が東京・八重洲口の地下にオープンして４０年近い歳月が流れる。勤め帰りのサラリーマンの間で人気が広がり、今では「父がよく通っていました」という子の世代に飲み継がれている。酒場では東京に3店、大阪と名古屋に1店ずつの直営店を持っている。

招徳などと始めた純粋日本酒協会の初代会長を務めたのがここの宇治田社長で、今や八十代も半ばながら純米酒に対する情熱は少しも衰えていない。それどころか、原料米である有機の備前雄町にはいつも目を光らせている。自家精米の工場から仕込みの過程を隈なく拝見したが、こだわりの設備は随所に見られた。先の招徳でも出会ったが、ここにも造りに熱心な女性蔵人がいて、「やればやるほどむつかしい」との言やよし。

月の桂（下鳥羽長田町）　（株）増田徳兵衛商店　☎０７５（６１１）５１５１

伏見の西にあるここへは古くから多くの文人墨客が足をとめたことでも知られている。昭和３０

年代半ばから古酒も手がけ始め、昭和４１年にはドブロクを現代に甦らせたにごり酒を打ち出していて、「月の桂にごり酒の会」は今も続いている。にごり酒も古酒も故・坂口謹一郎氏の提案から始まった。中国で甕を焼かせたこともあり、そのような２０《リットル》入りの甕が１２００本も眠っていた。

製品の１０種類を試飲させてもらった。無農薬有機栽培の旭４号という米を使った純米酒のコクがぐんと迫る。純米吟醸酒・柳の奥行きのある味わい。ほのかな甘みの大吟醸古酒・琥珀光の品格……かと思えば、すっきりとしてアルコール８％の純米・抱腹絶倒などバラエティも豊かである。

月桂冠（南浜町）　月桂冠（株）☎０７５（６２３）２００１

月桂冠の販路は全国に広がっている。それで幻は無いだろうというのは理屈だが、伏見の大倉記念館でのみ販売されている熟成酒となれば幻の資格はあるだろう。その記念館に隣接する内蔵では昔ながらの手造りを続けていて、珍しく木製のコシキが活躍している。

近くには「月の蔵人」という創作和食レストランがある。かつては月桂冠の酒蔵だったところで、毎朝作られている豆腐や多彩な京料理をリーズナブルに提供している。さらには、かつて月桂冠の本社だったところが「伏見夢工房」として、伏見の全銘柄を並べて試飲販売している。店内は明治、大正時代のムードで女店員の服装も当時

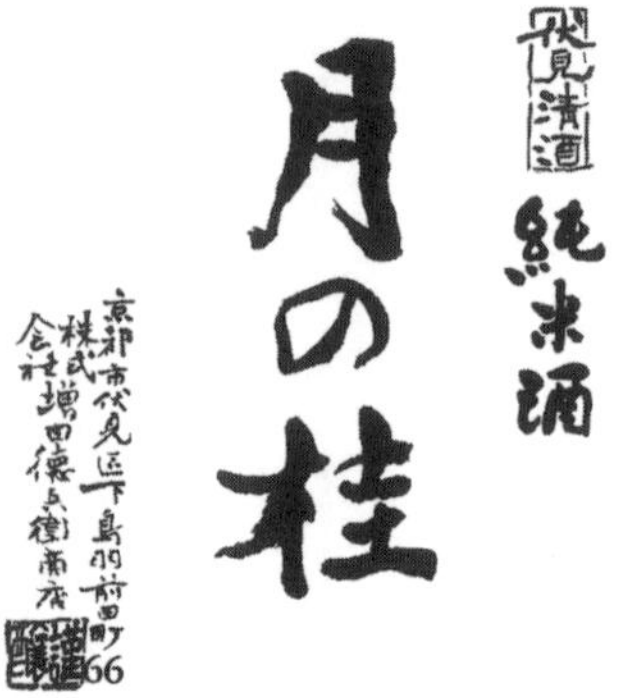

を再現、伏見の町全体のガイドもやってくれる。

富翁（村上町）　（株）北川本家　☎０７５（６１１）１２７１

富翁の富は精神の豊かさを表していて、そんな人は晩年になって幸せになるという中国の四書五経の中の「富比翁」から命名した。

２０年前にＫＯＳ式と呼ばれる合理化された醸造システムを導入したが、高精白の吟醸などは昔から手造りの姿勢を崩してはいない。その一つの大吟醸純米・七五三太《しめた》は精米４９％、日本酒度プラス４、酸度１・２、アルコール１５・５％で、いかにも伏見酒というに相応しい品のよさが漂う。他には大吟醸純米・吟の司、純米吟醸・祇園小町など、いずれも「はんなり」の雰囲気で統一されている。蔵元でアンテナショップを出しているところは多いが、富翁でも「おきな屋」という気の利いた店を１０年前にオープンさせた。

神聖（上油掛町）　（株）山本本家　☎０７５（６１１）０２１１

当主の山本源兵衛氏は創業者から十一代目にあたる。神聖の酒名は中国の白楽天の詩から取った由で、ラベルの文字は八代目と親交のあった富岡鉄舟の筆によるものである。

昭和４０年代に入って、ここでも純粋酵母仕込みの設備を整えた。５０年代後半にはそこから生まれた源兵衛さんの鬼ころしが辛口ブームの先兵ともなった。さらにそれに先立つ数年前には表千家の十

四代目を襲名した家元の命名で松の翠という、奥深い味わいを醸す純米大吟醸を打ち出した。その一方で近くの「鳥せい」という直営居酒屋が繁盛している。店名どおりの焼き鳥屋で、それも高千穂高原鳥を取り寄せているとか。蔵元では「酒を通して文化を熟成していく様々なシーンを提供する」としている。

福岡県、佐賀県の意欲蔵は今

九州も南の焼酎の本場はさておき、福岡県や佐賀県は日本酒が大いに飲まれていたところだが、ご多分にもれず、ここでも昨今の焼酎ブームの余波を受けて、日本酒を造っていた福徳長の久留米工場などは焼酎の生産だけに絞ってしまった。しかし、ごく最近になってさしもの焼酎の勢いにも陰りが見え始め、かねてより日本酒に力を注いでいたところに光がさし始めた。そんな蔵元を佐賀県に3蔵、福岡県に2蔵訪ねてみた。

昭和３０年代、佐賀県には８０軒を越える蔵元があったが、現在は３４軒になった。しかし中にはキラリと光り続ける酒蔵がある。そんな蔵元が中心となって佐賀県原産地呼称管理制度が発足した。県産米を１００%使って佐賀で生まれた純米酒ないしは本格焼酎に認定委員がお墨付きを与えるものである。他にも花酵母を使った酒なども話題を集めていた。

窓乃梅（佐賀郡久保田町）　窓乃梅酒造(株)　☎０９５２（６８）２００１

早くから東京市場へも出ていた。今は8割強を九州で捌いている。福岡国税局の審査の首位である局長賞の実績もあるが、今では大賞と名を変えていて、これも平成１７年に受賞している。香りに走らずバランスのとれた味の乗りがいい。杜氏はまだ３６歳だが、前任の杜氏の許でじっくりと修行して１０年目を越えた。

現在、全国には木桶で酒を仕込む蔵元が２０数社あり、ここもそ

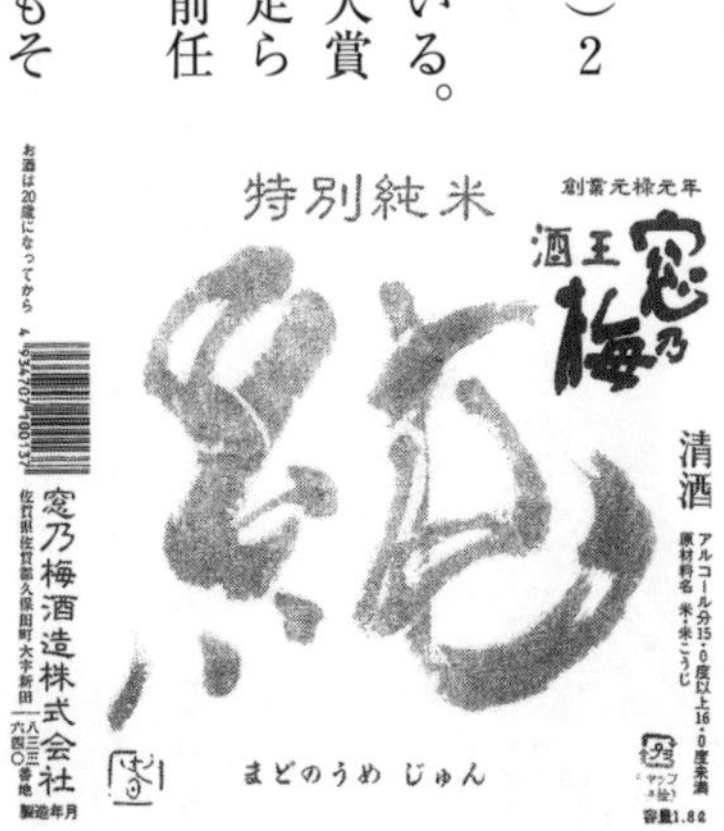

のグループに入っている。木桶で仕込むとモロミの末期にバナナの香りが出るというが、この酢酸イソアミルはカプロン酸エチルと並ぶ吟醸香である。他に花酵母も使っているが、ナデシコのものはカプロン酸の香りが強くアベリアの花の香りの方が穏かなので、ここではそれを主に使っているという。

天山《てんざん》（小城市）　天山酒造(株)　☎０９５２(７３)３１４１

酒蔵の側を流れる祇園川がホタルの名所であることは有名である。全国のホタル保存会の面々もここのホタルの乱舞には驚いたほどだ。その名に因んだ純米大吟醸・蛍川はメイン銘柄である天山とともにいたってしっかりとして品のいい味わいである。この酒はハワイで催された「全米日本酒歓評会」で２００品を越える中から平成１６年、１７年と2年続けて金賞を受賞している。

わが国では飛天山が全国新酒鑑評会で過去9年間に7回も金賞を受賞している。天山はいうまでもなく近くの山に因んで命名された酒名だが、佐賀空港がオープンした際に記念に付けられたのが飛天山である。大吟醸・一日千秋、純米大吟醸・温故知新などの長期熟成酒もあるが、仕込水は灘と比肩する硬水だけに芯がしっかりとしている。

天吹《あまぶき》（養基郡北茂安町）　天吹酒造(株)　☎０９４２(８９)２００１

２０年ぶりに天吹を訪ねてみて酒蔵の変わりように驚いた。ここが入れ込んでいる花酵母のことは耳にしていたがこれほどとは思わなかった。もとは貯蔵庫だったところを改造した酒蔵では、700《キロリットル》の小仕込みのタンクをずらり一列に並べて稼動させている。なにしろモロミ日数は30日。その花酵母も純米大吟醸、純米吟醸にはナデシコ、アル添系にはアベリア、純米系にはベコニアなど、酒質に応じて花酵母を使い分けている。

この蔵元の敷地は3000坪ほどもある。玄関を入ると洒落た試飲室があり、その奥から酒蔵へと続いている。途中には先代、先々代の胸像があるのも心和む。その奥が右の酒蔵というわけで、花酵母や大吟醸などの他の酒は別棟の酒蔵で造っている。

各県の酒造組合のもとにはそれぞれ支部があるが、福岡県では久留米支部が城島を合併するなどして18蔵となり、全国では伏見、神戸に次いで3番目に酒蔵の多い支部になった。かつて城島といえば名だたる酒どころだったことを思うと今昔の感がある。

繁桝《しげます》（八女市本町）（株）高橋商店　☎0943（23）5101

昔は繁の文字の下に桝の図柄を描いて「ますます繁るように」と絵で表示したが、今は繁桝で統一している。杜氏はかつて城島で19年勤め、ここへ来てからは10年を超え、4年間に3回の全国新酒鑑評会金賞を得ている。メカに強い一方、「酒造りは24時間体制で蔵人との手造りの姿勢を崩さない」と言う。

大吟醸・繁桝、箱入娘などの限定品をはじめ、季節限定の熟成大

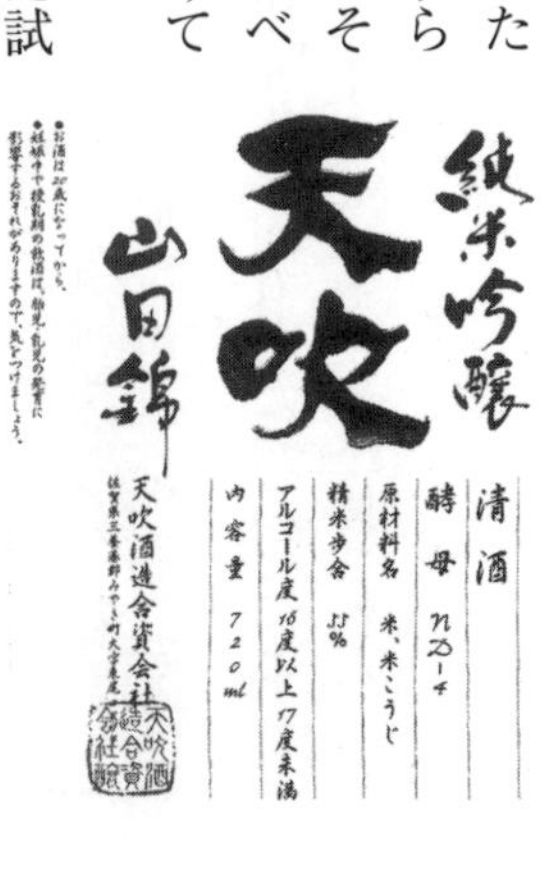

吟醸・枯淡、販売店限定の吟醸・麹屋、純米・博多一本〆などいずれも味をうまく乗せている。蔵元では秘蔵酒を楽しむ会を2月、10月、12月と年に3回開き、1700人の会員を集めている。この蔵元では福岡県産の山田錦をはじめ、好適米を多く使っているが県の農業試験場が開発した夢一献も掛け米として使っている。

冨の寿（久留米市山川町）　冨安（合）　☎0942（43）6391

今から30年以上も前、冨の寿では東京・新宿で「冨の茶屋」という直営居酒屋を経営していたこともあって、都会の嗜好には熟知している。九州の蔵元の多くは地元の消費が8割近くであるのに対し、3割強を関東方面へ出しているのはそんな昔からの影響もあるのだろう。

蔵人は仕込期に6名で杜氏はこの蔵で育って今や60歳を越えるが、8年の間に全国新酒鑑評会の金賞を6回受賞してもいる。酒蔵では9号酵母を主にアルプス酵母なども使っているが、この度、山田錦35％精米の大吟醸を花酵母で仕込んだ。出来上がりの秋口には500㍉㍑で3000本ほどが期待される。花酵母ということでは、当家の庭に咲くツツジから酵母を分離してもらい、いずれはツツジ酵母の焼酎も打ち出すという。焼酎では、この蔵元の麦焼酎・左文字が有名だが黒麹による全麹仕込みでカラス（720㍉㍑＝1323円）という常圧蒸留のユニークなクセには圧倒された。これは芋焼酎派にも受けるのではないか。

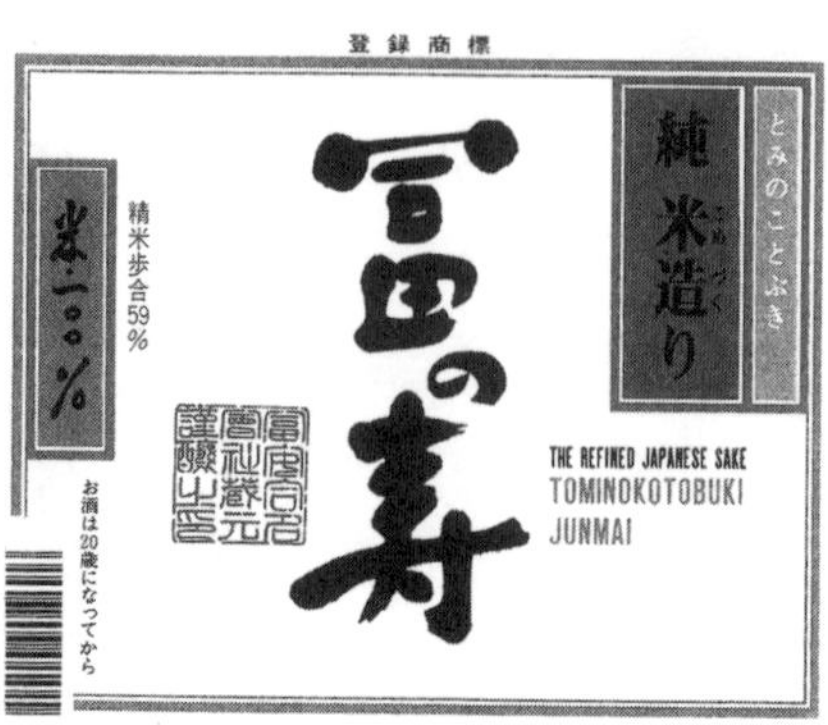

地域を問わず魅力にひかれた再訪蔵

長年、いろんな酒蔵を見ていると「あの蔵の酒は飲む気がしない」というのがあれば、「この蔵の酒なら旨いはずだ」というのもある。いろんな酒蔵を直かに見て蔵元の造りの姿勢に接していると、酒の内容はおおかた察せられるものだ。ここではそんな飲みたくなる蔵元を地域を問わず再度訪ねてみた記録である。

尾瀬の雪どけ（館林市）　龍神酒造（株）　☎０２７６（７２）３７１１

館林の龍神酒造は、尾瀬の雪どけの酒名で知られる銘醸蔵である。また、この蔵元は焼酎の城下町のナポレオン、地ビールのオゼノユキドケなどでも知られている。

一口に手造りといってもいろいろだが、細部にまで神経の行き届いた造りという点でここはまさしくそれだ。筆者が訪ねた時には南部杜氏の資格を持つ若い2人を含む4人で限定吸水の手洗いによる洗米を行っていたが、この蔵の仕込みはすべて酒造好適米である。地酒の品揃えでは定評のある東京の長谷川酒店で業界の「通」による目かくし唎酒の催しでここの酒が2部門で第一位となったこともある。昨今では酒の熟成を重視して、キレのある味わいに一段と幅が出てきた。

天鷹（大田原市）　天鷹酒造（株）　☎０２８７（９８）２１０７

天翔ける鷹の勇ましさを夢に見たルーツが天鷹の酒名としたのは大正時代の初めだった。那須の郷から広く関東へと飛び立ったこの天鷹が、今ではアメリカなど海外へと雄飛している。風格ある純米大吟醸・天鷹・吟翔や、味ののった純米酒・天鷹・心、それに純米・天鷹・国造《くにのみやっこ》などである。国造は酸が２・０ほどあり、日本ではぬる燗で飲む向きが多いが、アメリカ人などは冷やで愉しんでいるようだ。

この酒蔵を初めて訪ねたのは２０年以上前だった。社是として、酒は神聖、科学、芸術、修行場、事業などの要素があることのボードがあったが、今も掲げられていた。これを掲げた尾崎全弘氏の子息である宗範氏がこの精神を引き継いでさらに推し進めていた。平成１８年まで、５年連続して全国新酒鑑評会の金賞。

東力士（那須烏山市）　島崎酒造（株）　☎０２８７（８３）１２２１

烏山の東力士では近年、見事な洞窟貯蔵施設ができたというのは聞いていたが、聞きしに勝る内容とスケールに驚いた。７００坪ほどもある洞窟には一升瓶が１３万本収まっているが、２０万本は収められるという。平均温度は１０℃で、季節によって５℃くらいのプラスマイナスはあるらしいが、むしろ自然の成り行きの温度差はいいらしい。東力士が熟成酒にかける情熱には並々ならぬものがあり、酒蔵の近くにこれほどの貯蔵洞窟が得られたのは天の恵みとい

うべきだろう。
島崎利雄社長はかつて日本吟醸酒協会の理事長だったこともあり、薫《かおり》に代表される吟醸酒には定評がある。そんな吟醸の熟成酒を１２年の経過で試飲させてもらった。日本酒の奥の深さはここに極まる。

一人娘（常総市）　（株）山中酒造店　☎０２９７（４２）２００４

昔から辛口で定評のある石下の一人娘を訪ねたのは１３年ぶりだったが、奇しくもそのさらに１３年前にもここを訪ねている。酒母造りに硬水を使い、仕込みは軟水で、しかも二段で仕込むやり方は、初めて訪ねた時から少しも変っていない。「一人娘を嫁に出す心境で丹念に仕込んだ」という山中直次郎氏は、文字どおり一人の娘さんを筑波大学病院の医師のもとへと嫁に出された。しかも、後を継ぐご長男である専務のお子さんがまた、娘さんが一人というから微笑ましい。
山中氏は平成１８年で８１歳になるが、矍鑠たるものだ。自家用セスナの免許も持っていて、その資格を続けるには年に一度の身体検査があり「それに合格するためにも身体のチェックは怠らない」と言う。

三光正宗（新見市）　三光正宗（株）　☎０８６７（９４）３１３１

岡山県の西を流れる高梁川の上流、新見にある三光正宗は比較的

に淡麗な岡山県の酒の中では味のノリがいいことで知られている。久しぶりに訪ねたところ、酒の品種がさらに増えたうえに、「華の蔵」というゲストルームができていた。以前は焼酎蔵だった200平方メートルほどのところを全面改装して、壁面に柿渋を塗るなどした集会場である。そこには三光正宗の全製品が飾られていた。三光にちなんだ大吟醸・月光＝ムーンライトセレナーデ、純米大吟醸・夕日＝サンセットワルツ、吟醸・星の光＝スターダストシンフォニーのそれぞれ500ミリリットル3本セットもその一つで、アイデアの妙がいいではないか。一方、焼酎には古くからの米焼酎・粋や麦焼酎・おるぞ、キビ焼酎・幾星霜とこちらの層も厚い。

七賢（北杜市）　山梨銘醸（株）　☎0551（35）2236

新宿から中央線の特急で2時間のところが小淵沢である。そこから車で西へ15分のところに七賢の酒蔵があり、いつも開放している。とりわけ蔵開きの1週間は平日で数百人、土、日曜日には2000人ほどもつめかける。筆者の著書『お酒のいまがわる本』（実業之日本社）の中にこの蔵元が出している内藤新宿のラベルを揮毫した話を収めてあるが、このような例は他にない。それだけ酒造りの真摯な姿勢を信頼している。

4年ぶりに七賢を訪ねたところ、酒蔵の内部は洗米の機器が少し変わった他には以前と変わらない。ただ、試飲室や展示室など、見学者の受入れ態勢は一段と充実していた。新製品での注目銘柄は七賢・山廃純米・白黒だろう。原料米には広島の八反《はったん》を精米70％、酵母は泡無しの701号、日本酒度プラス4、酸度2・1、アミノ酸1・6。ぬる燗の幅のある味わいは酒通をうならせるものがある。

達磨正宗（岐阜市）　（資）白木恒助商店　☎０５８（２２９）１００８

岐阜羽島駅の北の達磨正宗を１５年前に訪ねた時、１０００石の造りで１０００石の貯酒があった。税務署からは文句を言われるし家内も不安気だ、との当主の話だった。しかしその頃、筆者の関係していた有楽町西武の酒蔵という酒売場でも徐々に客がつき始めていて、見通しの明るいことを話した。久しぶりに酒蔵を訪ねると、瓶の貯蔵は一升瓶で３０００本入るコンテナが２０数台。その他を含めると、かつての１０００石規模の面影はない。

吟醸酒の貯蔵は昭和５６年以降やめたという。吟醸よりもむしろ純米や本醸造などの方に熟成の魅力があることもあるが、米を磨きに磨くことで原料を粗末に扱うことが気に入らない、と論旨がはっきりしているのだ。展示所で平成元年からの熟成酒を試した。味の幅、奥行き、全体から醸される優雅さは喩えようがない。

天領（下呂市）　天領酒造（株）　☎０５７６（５２）１５１５

同じ岐阜県で、下呂温泉の北へ車で２０分ばかりの萩原町にある天領へ足を運ぶのは十数年ぶりになる。岐阜県で造りに当たる酒蔵は全部で６３あるが、ここ萩原から北の高山にかけての飛騨の酒蔵にはまた独自の雰囲気があるようだ。

天領では県産の酒造好適米・飛騨ほまれを県内の酒蔵では最も多く使っている。この米は粒が割れやすかったりして決して使いよく

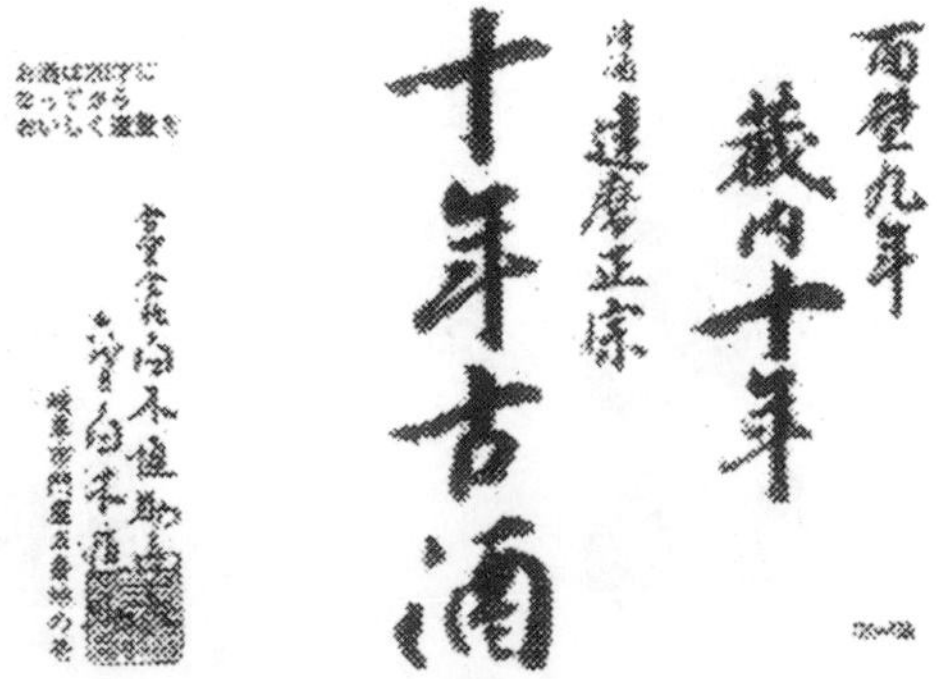

はなかったが、精米機の微調整や造りの工夫で欠点を克服した。「やはり地元の米でなければ地元産の誇りは生れません」という蔵元の姿勢がいい。杜氏は６８歳で受賞実績もある新潟杜氏。仕込水は極軟水で、ふくよかな酒質の芯となっている。大吟醸・吟、特別純米・飛切りをはじめ米焼酎・飛天なども人気筋である。

長者盛《ちょうじゃさかり》（小千谷市）　新潟銘醸（株）☎０２５８（８３）２０２５

新潟県小千谷の長者盛は越の寒中梅の酒名などでも首都圏によく出ている。蔵元の話では、地元と県外への出荷では4対6の比率で県外へ出ている方が多いとのことだ。地震の災害からすっかり立ち直った酒蔵での仕込みの様子を見せてもらった。原料米は五百万石や山田錦、県産の一本〆《じめ》などを使っている。

審査会での受賞実績は多く、平成１１年の関信越国税局でトップだった際には、その受賞酒とソバを味わう会が地元の人たち３００人ほどで催され、現在も続いている。

ここの酒では金賞受賞の十年古酒からごく一般的な製品まで、一口に淡麗辛口といってもきわめて味の幅が広く、リーズナブルな当社の製品の人気は広範囲に根強い。

想天坊（長岡市）　河忠酒造（株）☎０２５８（４２）２４０５

想天坊の三島町は長岡駅から西北へ３０分ばかりのところにある。蔵元の河忠酒造では福扇の銘柄で受賞歴も多い郷杜氏が健在。かつ

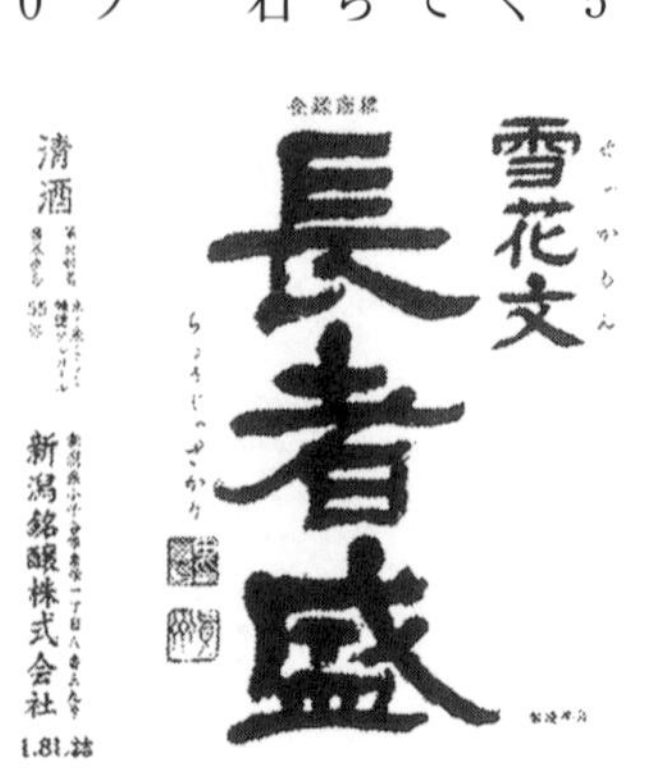

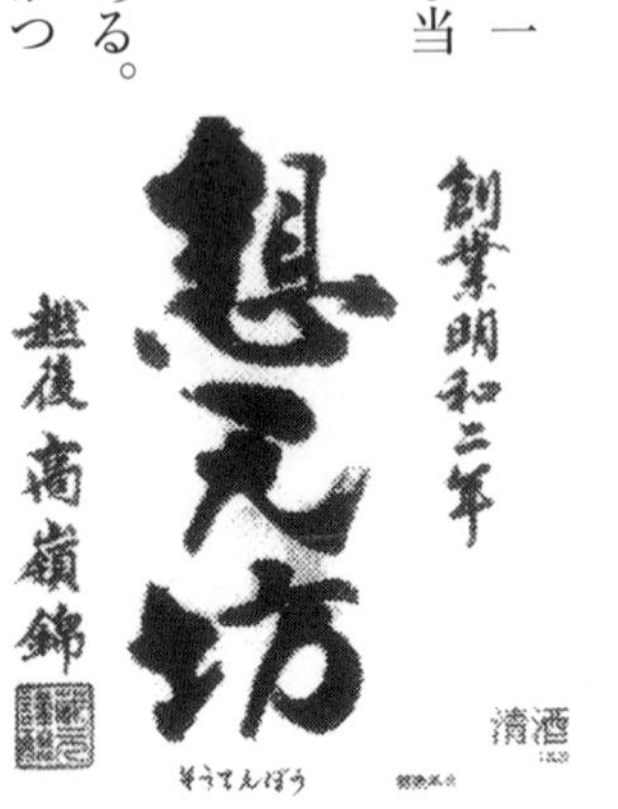

て筆者が訪ねた時はその蔵で35年とのことだったから今では40年になる超ベテランで、東京農大を出た27歳の新鋭の指導にも当たっていた。今回訪ねた際には、鑑評会の出品酒を熱処理の後に急冷作業しているところだった。

ここでは純米大吟醸・雫酒をはじめとして、純米吟醸、純米、さらには特別本醸造などに好適米の高嶺錦をうまく使いこなしている。ひととおり試飲してみたが、中でも「技」という名を肩貼りに付けた特別本醸造・想天坊が気に入った。「越後流」ともいわれる気どらない淡麗旨口の風味（1・8リットルで2205円）はとりわけ人気筋のようである。

越乃景虎（長岡市）　諸橋酒造(株)　☎0258(52)1151

長岡の東の北荷頃《きたにごろ》にある越乃景虎もまた地震の被害をはねのけ、見事な瓶詰工場もできていた。酒蔵は昔変わらぬ手造りで、「現状に捉われず常に進歩的な考えで」、「蔵内の殺菌を重視」など14項目にわたる高橋杜氏の書いた蔵人の心得が貼られている。酒蔵の一隅には1万2000リットルのタンクが10本、堂々と控えていた。

越乃景虎の大吟醸・秘蔵雫酒、大吟醸・名水源流をはじめとして、名水仕込の銘柄で首都圏へもよく普及している。これも前記の想天坊と同じく、越後流の淡麗辛口の妙味をみせる。当社には無添加の超辛口もあるが、極軟水の仕込水なので辛さはあまり感じない。「龍」と名づけたやはり無糖加の普通酒（1838円）も晩酌用の旨口としてお薦めだ。

〆張鶴（村上市）　宮尾酒造（株）　（０２５４（５２）５１８１

　ここを訪ねるのは２０年ぶりである。酒は昔変わらぬ淡麗旨口だが、昔に比べて味が乗っている。減産の蔵元が多い中、ここは量的に昔と変わらないという。初めてこの酒蔵を取材したのは３０年以上も前で、先代社長が絵筆を取っておられた。その絵画が蔵を改造した応接室に飾られている。また社長のご母堂は書に打ち込んでおられて、純米酒の純の文字はその一つである。現在は、東京農大を出て地元の百貨店に勤めた後に帰って来た三代目が、蔵人と一緒に働いていた。

　〆張鶴の酒は大吟醸の金、銀ラベルや純米吟醸、特別本醸造など１０種類ほどあるが、そのどれも奇をてらったところがない。代々続く蔵元の人柄を映しているといえるだろう。

灘に見たこだわりの造り、その酒

昔から灘酒といえば、伏見酒などに対して男性的で輪郭のはっきりとした酒として定評があった。いっとき華やかな香りを主張する酒のムードが広がった時も灘は灘なりの筋を通してきた。昨今では香り主体のブームも静まり酒本来の味吟醸が見直される風潮である。

ところで、大手の蔵元十社が共同して「心美体」のキャッチフレーズで日本酒を見直すキャンペーンを張っているのはご存じの向きも多かろう。競合の強い大手の間でよくまとまったと思う。このたび、そんな灘の大手の数社が筆者の取材を受け入れてくれた。中にはめったにマスコミに登場しない蔵元もある。

白鹿（西宮市鞍掛町）　辰馬本家酒造（株）　☎０７９８（３２）２７０１

白鹿の酒の味を濃、淡、甘、辛の座標に分類した表がある。ここに掲載されている２０種の製品のうちの半分を試飲室で唎かせてもらった。その全体から一貫して醸される優雅で上品な趣きは古くからの白鹿独自の持味であって、少しも変わっていない。通常の蒸米よりも長く強めに蒸す伝承蒸米仕込による黒松白鹿・特別純米山田錦から近年に打ち出したモチ米四段仕込の黒松白鹿レ（れてん）まで内容面でのバラエティに工夫を凝らしている。

白鹿が創業３３０年を記念して平成5年に総額１００億円を超える巨費を投じて立てた六光蔵は、兵庫県南部の大地震にもびくとも

しなかった。この酒蔵では徹底的に合理化した機種と手造り部分をうまく融和させた印象である。

白鶴（神戸市東灘区住吉南町）　白鶴酒造（株）　☎０７８（８２２）８９０１

この杜氏環《とうじかん》のラベルを見て白鶴の酒だと気づく人は案外少ないかもしれない。というのも市販されてはいるが、多くは料飲店などの業務用に使われているためである。一般に山田錦といえば高級酒の原料米としてよく知られているが、この酒はその山田錦を１００％使っていて、白鶴の持味である芯のしっかりとした風味ながら、１・８リットルが２０００円とリーズナブルだ。

白鶴で３０年ほど前にラベルのデザインを一新したのは、新しいＩＣ（企業戦略）の一端でもあった。この精神は今も息づいている。

山田錦の母親に当たる酒米を復活させた純米大吟醸・山田穂（日本酒度プラス１、酸度１・２、アミノ酸度１・２）は穏やかで奥深い味わい。いずれ、さらに改良を重ねた好適米・白鶴錦による酒がお目見えする。

桜正宗（神戸市東灘区魚崎南町）　櫻正宗（株）　☎０７８（４１１）２１０１

全国に数多い正宗がこの蔵元に始まっていることや、宮内庁御用達であることなどはよく知られているが、日本醸造協会で発売される酵母の第一号がここだったことはあまり知られていない。

本社の試飲室で、２種の酵母を混ぜたもの、香りに特徴のあるもの、麹造りのタイプを変えたものの３種を試したが、このような試飲を社員全員で行い酒質の感度を試している。その社員によって、全国新酒鑑評会で連続金賞を得た。その一方で、ルーツをしのぶ酒米を育成するため、これも社員全員で田植えや稲刈り、さらに稲の天日干しにまでこだわった原料米を作ったりもしている。前記の協会一号酵母を使ったものは純米生酛造りで、焼稀・協会一号酵母の酒名で出ている濃醇なタイプ。またルーツの米を再現した荒牧屋太左衛門・超特撰純米大吟醸（日本酒度プラス2・5、酸度1・1）は得もいえない堂々たる風格を見せる。

剣菱（神戸市東灘区御影本町）　剣菱酒造(株)　☎078(811)0131

この蔵元は品質を磨くためには惜しまず投資する姿勢を代々貫いていると聞いていた。その話を裏付けるように、酒蔵を訪ねてみて造りのこだわりをあちこちに見た。コシキは木製で、製麹はすべて麹蓋。酵母は家付き酵母で、山廃仕込みを続けている。いうまでもなく、酒はすべて特定名称酒である。なにしろ140名の蔵人がこの作業に当たっているのには驚かされる。

剣菱の名が轟いているのは周知のとおりで、頼山陽が愛飲し、赤穂義士が酌み交わし、幕末の志士が酌んだなどの話は昔から際限がない。現在では定番としている料飲店が多い。剣菱党とでもいった馴染み客が多いから営業マンはほとんどいないに等しい。それだけ造りに人手がかけられるわけである。容器も大半が一升瓶である。五年熟成の大古酒・瑞祥黒松剣菱（5000円）のぬる燗は秀逸。

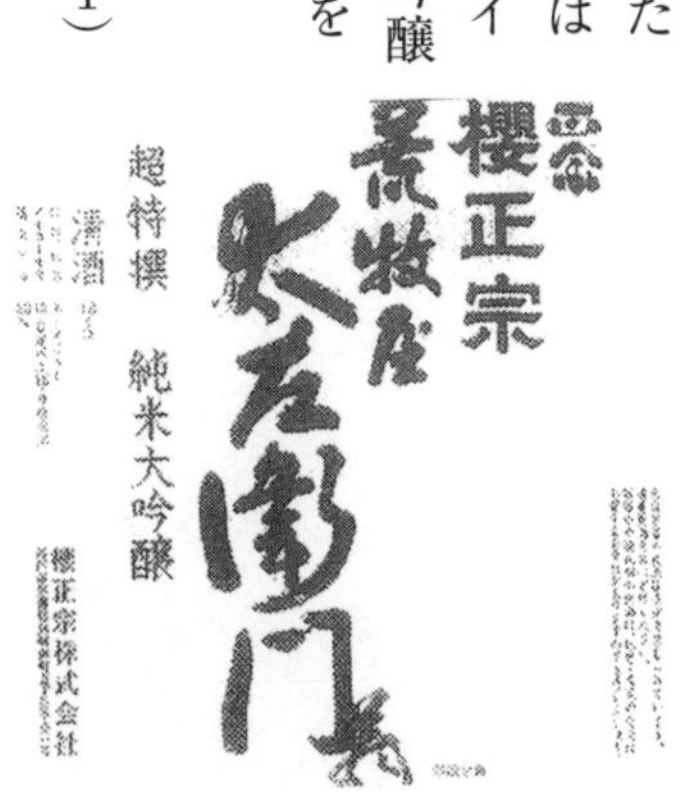

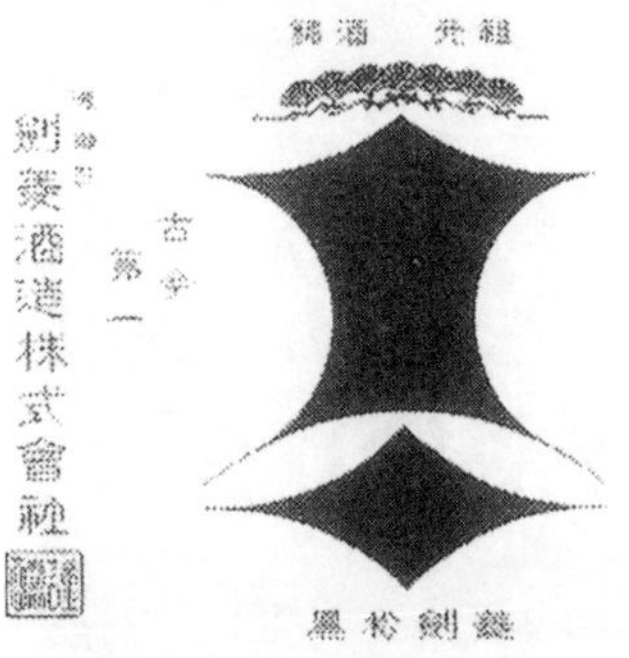

沢の鶴（神戸市灘区新在家南町）　沢の鶴（株）　☎０７８（８８１）１２３４

　沢の鶴の全社員の名刺の裏面には、燗や冷やなどの酒の旨みの温度をカラーで図示したものが載っている。酒と料理との相性研究に率先し、サケ・ソムリエを提唱したのも当社である。この本社蔵でのみ売られている敏馬《みぬめ》の浦の原酒を試させて頂いた。爽やかさの中にいかにも灘流の真髄というにふさわしい厚みのある味の乗りようである。

　この蔵で５０年の長きにわたって働く丹波杜氏の出口喜久治さんは、「寒仕込みの酒を、秋になって蓋を取った時の何ともいえない香り、味のよさが忘れられず、それを生き甲斐として続けてきた」という朴訥さがいい。

　熟成酒の代表格の大古酒・熟露、薫酒としての純米大吟・瑞兆、醇酒では生酛純米・実楽、爽酒の米だけの酒ほか、サケ・ソムリエによる味の分類なども当社が積極的に協力した。

小粒ながら個性味で生きる神奈川県

かつて「神奈川方式」と呼ばれて福島県の安酒が席捲したことがあった。福島県南の東駒という酒が進出した時である。その蔵元の製造ブレーンだった人が、今では吟醸酒の本を書いている変身ぶりである。時代の移り変わりは酒も人をも大きく塗り変えた。

神奈川県産酒の県内でのシェアは数%だと聞いていた。何しろ横浜をはじめ人口が増加しているところである。県産酒で需要が賄えないのはわかるとしても、県民が地元のものを愛する面での意識はどうなのか、と思っていた。そんな神奈川県で新しい時代に向って意欲的な7蔵元を巡ってみた。

いづみ橋（海老名市）　いづみ橋酒造(株)　☎046（231）1338

小田急線の海老名駅から北へ車で10分ほどのいづみ橋を10年ぶりに訪ねた。周囲の田んぼには蔵元の原料米となる山田錦や雄町などが植えられていて、1000俵を超える山田錦はここのものを使っている。そして700石ばかりの酒の大半が特定名称酒である。

南部杜氏の小原彦人さんなど5名のスタッフが麹蓋の作業によって4日に1本のペースで仕込んでいる。メインの製品は日本酒度プラス7～8、酸度1・5。数値の上では辛めながら、軽いタッチをうまく生かした旨味を演出している。いづみ橋の他、吟の泉、公宝泉の酒名もある。酒には自己主張の強いタイプと、主張はあっても

あくまでも料理との相性に配慮したタイプがあるが、これは明らかに後者である。

蓬莱（愛甲郡愛川町）　大矢孝酒造（株）　☎０４６（２８１）００２８

木立に囲まれた１８０年近いこの老舗蔵では、新潟県小千谷からの杜氏と地元の３名で３４０石ほどを丁寧に醸している。原料米には兵庫の山田錦、長野や秋田の美山錦、滋賀の玉栄、地元の若水などを使っている。地元の愛川地区から相模原、厚木方面で６割ほどが消費される。酒質は日本酒度プラス３～５、酸度１・５～１・８程度で、ここも数値の上ではやや辛めだが、口に含んでみるとほんのりとした優しさがあって心地いい。

造りにも率先する社長令息は、中央大学の応用化学を出た後、機械の設計などの仕事に携わったキャリアを経て、今は真摯に酒造りに取り組んでいる。外での経験はプラスになろう。

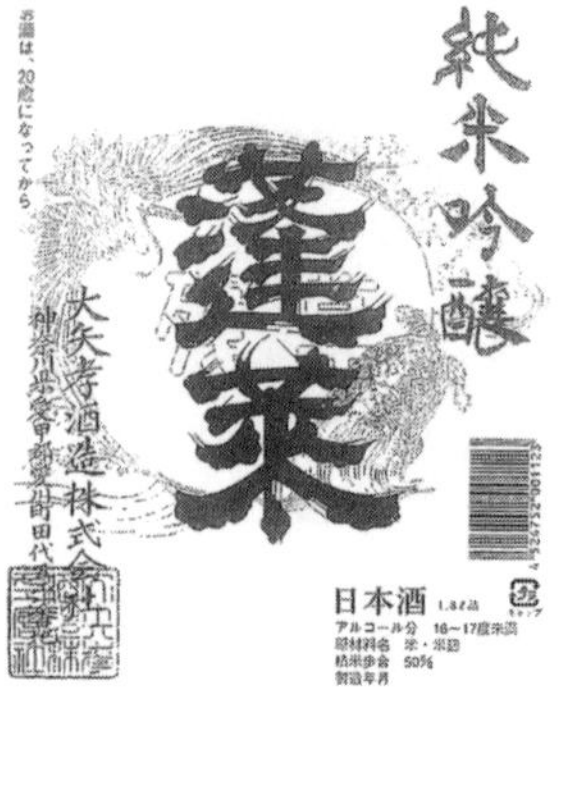

天青《てんせい》（茅ヶ崎市）　熊沢酒造（株）　☎０４６７（５２）６１１８

酒名を曙光から天青としたのは蔵元の英断といえる。１５００石の造りだったのを５００石の特定名称酒に絞り込んだ。５０坪ほどの酒蔵を麹室から絞りの部分まで小仕込みに改造していたが、従来のものもうまく生かしているのがいい。また、瓶貯蔵から昔の防空壕を使っての熟成効果まで念入りなアフターケアにも怠りはない。

邸内には和食の創作料理とイタリアレストランがあって、季節ご

とに湘南の風味を生かしている。地ビールの5種を試したが、そばのブルワリーから直かにパイプで送られてくるだけに味の個性が鮮烈に浮き出してくる。酒名は「雨過天青雲破処」に由来。すっきりとして香りに走らず乗せた旨味はぬる燗でも大いに冴える。

白笹鼓（秦野市）　金井酒造店　☎0463(88)7521

モーツァルトの酒というのを耳にしたことがあろう。それがこの蔵元で原酒（山田錦48%精米、日本酒度プラス3、アルコール18・3度、500ミリリットル2039円）をはじめ生貯蔵、吟醸、純米の4種が出ている。

四国の酒蔵でやはり音楽を聴かせた仕込みを見たが、そこではタンクにスピーカーを付けて演歌を流していた。この白笹鼓ではモーツァルトを製麹室で流している。麹だけでなく、蔵人もモーツァルトを聴きながらの作業だ。06年がモーツァルト生誕250年ということで、この製品の引きが多いという。他に鳳泉、笹の露、弘法山などの酒名もある。

火牛《かぎゅう》（小田原市）　（資）相田酒造店　☎0465(24)1844

小田急線の箱根湯本の手前、生入田のすぐそばに酒蔵と売店を開いたのが前年の暮れのこと。箱根の帰りに立ち寄ってみるといい。清潔なステンレスの製麹室で、造りの時は10日に1本のペースで仕込んでいる。すべて純米で洗米は手洗い。サーマルタンクに付い

ている制御盤が大きいのは、遠隔地からでも温度制御ができるようにするためである。

仕込水は地下９３メートルの伏流水である軟水。しっかり発酵させた上できれいな酒質に仕上げていて、コクとキレのバランスは絶妙である。火牛の酒名は、北条早雲が牛の角に松明をつけ大軍の来襲に見せかけた故事に因む。また、地元横浜ベイスターズの球団公認酒・横浜の星も好評である。

隆《りゅう》（足柄上郡山北町）　（資）川西屋酒造店　☎０４６５（７５）０００９

１０年ぶりに訪ねた。以前は丹沢山の酒名がメインだったが、今は隆の銘柄も主力商品に加わった。無濾過の生詰めを瓶燗してから急冷し、これを冷蔵庫で半年、１年と寝かせながら経過を見てから出荷するという。なるほど、燗上がりがいい。

スタッフは南部杜氏３名と地元の２名で、６００石ばかりを練り上げている。原料米は播州と阿波の山田錦、岡山の雄町、長野の美山錦、新潟の五百万石と多彩に使い分けている。当主は８０歳になるが、その１０年前のことを「ここのいい意味での頑固さこそ、これからの地酒の蔵元は範とすべきだろう」（『美酒との対話』、時事通信社）と拙著に書いている。１８年に全国新酒鑑評会で金賞を得たが、それを売物にはしないという蔵元の姿勢も気に入った。

菊勇《きくゆう》（伊勢原市）　吉川醸造（株）　☎０４６３（９５）３０７１

かつての醸造技師、杉山晋朔博士の理論を今も継承している蔵元はここだけである。一升五合盛りの麹蓋作業で、１０００石余りの酒を醸している。味は全体にコクがあり、古くからの愛飲家も多い。その一方、大山街道の酒名で生貯蔵の低アルコール１３・５％の酒も好評裡に出ている。近くには三之宮比々多神社という酒造りの神が祀られていて、１１月には酒祭りが催される。この祭礼を終えたところで蔵元では仕込みに入るわけだ。

　山田錦も使ってはいるが、地元の飯米・祭晴れを６０％に磨いた製品なども、やはり造りに手間をかけただけの風味が生きている。五年熟成酒ながら、いかにも古酒といった気どりのなさも心にくい仕上げである。

生真面目な造りの姿勢の山形県

酒の質を調整するために、フィルターや活性炭素によって濾過するのはご存知だと思う。これによって滓や余計な雑味を除去するのだが、この活性炭素を使い過ぎると酒の味がフラットになるから ご用心、ということだ。酒造業界にこの活性炭素を売っている薬品会社によれば、俗に「炭《すみ》」と呼ばれているこの製品の使用率が最も少ないのは山形県だという。つまり山形県の酒は炭の使用を減らして旨味を残すことに配慮しているということでもある。

ＤＥＷＡ３３というプロジェクトがスタートしてから１０年を超える。これは山形県の酒造好適米・出羽燦々を使って磨き上げた純米大吟醸を先頭に山形の酒のイメージアップを図ろうという企画で、これまでに着々と進んできた。

山形県の酒蔵を訪ねるのは4年ぶりである。前回は一献、東の麗、澤正宗、山形正宗、あら玉、奥羽自慢、初孫の順に二泊三日で巡った。この話は拙著『お酒のいまがわかる本』(実業之日本社)に収めてあるが、どの蔵元も生真面目な造りに入れ込んでいたのが印象的だった。そのような造りが、他県に比べて全国新酒鑑評会金賞受賞率での抜群の成績にも現れている。

県産酒の話題性という点では新潟県などに一歩遅れをとったものの、明日に向かってさらなる飛躍を目指している様子がよくうかがえた。今回は一泊二日の日程で5蔵元を巡った。最後に立ち寄った栄光冨士以外は初めてのところばかりだった。

羽陽男山(山形市)　男山酒造(株)　☎０２３(６４１)０１４１

１５００〜１６００石ほどの造りで、地元で7割を消費している。原料米の山田錦以外は美山錦などもほとんど地元産で、今期からは山酒86号(別称・出羽の里)がお目見えした。この原料米はラベルにある純米酒(1・8リットル=2100円)の掛米に使われているが、酒母の米は山田錦58%で86号だけで造るよりも味に奥行きが出るという。仕込水は硬水で、地元でよく飲まれる本醸造クラスは日本酒度プラス3～4、酸度1・5だが、近頃では酸がこれよりもやや多めで味の乗ったものの需要が増える傾向とか。全体にしゃきっとした酒通向きの酒である。

ベテラン杜氏が80歳で引退した後、山形大学を出て志願してきたという42歳の若手が引き継いで五造り目になるが、ここ3年は連続して全国金賞を得ているから見事なものだ。

銀嶺月山(寒河江市)　月山酒造(株)　☎0237(87)1114

30年余り前に親戚の3社が合併してできた酒蔵で、3000石ばかりを造っている。地元消費が6割、あとは宮城、福島などの近県や東京、神奈川方面などへも出している。仕込水は前記の男山とは対照的な超軟水で、地元でよく出るのは日本酒度プラス1～3、酸度1・3の穏やかな酒質である。

酒蔵から少し離れたところに展示所があり、ここでは試飲、販売もしている。雪中熟成酒(720ミリリットル=1350円)、純米吟醸・月山の雪(同=1500円)、銀嶺月山・大吟醸(同=3150円)など、「味がしっかりあってキレのある酒を目指したい」という蔵元の言い

分はわかる。ご案内頂いた布宮雅昭氏は、目下、県内有志の蔵元による醸造の勉強会「研醸会」の会長を務めている。

みちのく六歌仙（東根市）　（株）六歌仙　☎０２３７（４２）２７７７

東根温泉の地元の酒であり、ここも３０００石クラス。原料米の９割が県産米で、地元消費は６割を占める。製麹はＫＯＳ方式という機械だが、「手」によるチェックも怠りない。当社の高級酒は、純米大吟や大吟醸五年古酒などの手間暇《てまひま》。純米大吟醸は日本酒度マイナス０・５、酸度１・３（１リットル＝１万５００円）で、口に含むと得もいえない穏やかな広がりを見せる。

メインの銘柄はみちのく六歌仙だが、これにはバラエティがある。六歌仙・淡麗辛口は日本酒度プラス１２、酸度１・１だがバランスの取り方が実にうまい。また山法師という限定銘柄も地元で人気がある。その一方では日本酒度マイナス５５で酸度５・５、アルコール７〜８％の微発泡酒・ひとときロゼ（７２０ミリリットル＝６８０円）というのもあり、そんな都会型ともいえる商品群を抱えている。

鯉川（東田川郡庄内町余目）　鯉川酒造（株）　☎０２３４（４３）２００５

この蔵元が原料米の亀の尾にかける執念は並みのものではない。そもそも亀の尾はここ余目の阿部亀治という人の手がけたもので、

その亀の尾の創選者のひ孫が持っていた種籾を譲り受けて、鯉川が栽培を始めた。この亀の尾の酒造りは一筋縄ではいかない難しさが伴うが、でき上がった酒は味の厚みが違う。この蔵元はそれを目指してここまでやってきたのである。酒蔵のそばには、そんな亀の尾の田んぼが広がっていた。

純米大吟醸・阿部亀治（アルコール１７〜１８％、日本酒度プラス３、酸度１・７）をロックで飲んでみたが、芯が確かだから少しもくずれない風格が漂っている。その一方で鯉川の酒には燗上りするものも多い。故・上原浩氏が力説した「秋上りの酒質」を蔵元では常に心がけている。

栄光冨士（鶴岡市）　冨士酒造（株）☎０２３５（３３）３２００

この蔵元を訪ねるのは２０年ぶりである。高温糖化酒母による手造りの姿勢は、昔と少しも変っていない。

０５年の暮れに４１歳で社長となったご子息は大学で法律を専攻したとのことだが、今は酒造りに真摯に取り組んでいる。１０００石ほどの製造に１０人もの人手をかけて手造りにこだわっているのだ。

地元で好まれる本醸造は日本酒度プラスマイナス０、酸度１・１〜１・２、上撰辛口でも日本酒度プラス５、酸度１・２で、いたって優しい風味である。東京などへ進出しているのは大吟醸・古酒屋のひとりよがり（精米４０％、日本酒度プラス４、酸度１・１）や純米吟醸・古酒屋のひとりごちで、この品のいい味わいにとりつかれた根強いファンは多い。

焼酎圏に囲まれた中の熊本県の日本酒

四国で日本酒が最も辛いのは高知県で九州なら熊本県、というのは昔からよく耳にしていた。高知にはモッコス、熊本にはイゴッソウといずれも強情っぱりを表すことが言われているから、そのような土地柄では辛口が好まれるのだろう。

今から２０年ほど前に熊本県には日本酒の蔵元が２５軒あった。それが今回訪ねた際には１２軒と半減していた。何しろ隣接する鹿児島県は焼酎王国であり、宮崎県も２軒の日本酒の酒蔵を除いて他はすべて焼酎の蔵元である。さらに、ここ熊本県でも南の人吉地方は球磨焼酎のふるさとである。いわば焼酎圏に囲まれた土地柄といってもいい。

このように焼酎の風味が根づいたようなところでは、他県によく見られるようなあっさりした日本酒は受け入れ難いのだろう。そんな環境の中で日本酒造りに真摯に取り組んでいる４軒の蔵元を巡ってみた。

通潤《つうじゅん》（上益郡山都町）　通潤酒造(株)　☎０９６７(７２)１１７７

熊本空港から南西へ車で１時間ほどの山都町に独創的な大石橋で知られる通潤橋があるが、その地元の酒である。造りはほんの１０００石ながら地元産の山田錦やレイホウなどの好適米をうまく生かした味を盛り上げている。その酒は地元の山都町で約半分を消費する他、台湾、シンガポール、韓国、中国などへ輸出し、また成田空

港や関西空港の免税店では５００ミリリットルのミニチュア菰樽が外国人客の土産に人気を集めている。
大吟醸・通潤、純米吟醸古酒・蝉、特別純米酒・落人伝説など、特別純米の辛めといっても日本酒度プラス２～３で、酸度が１・６前後。バランスの取れたすっきり風味である。近く、やはり地元産のブルーベリーを使ったリキュールも出すと言う。

瑞鷹《ずいよう》（熊本市川尻）　瑞鷹酒造（株）　☎０９６３（５７）９６７１

赤酒は料理通にはお馴染みの藩政以来の伝統酒であるが、その一方ではこの蔵元が熊本地方ではいち早く清酒を手がけた。昭和に入ってからは、その瑞鷹が全国酒類品評会で第一位になった記録も残っている。

この酒蔵を訪ねるのは２０年ぶりだが、前の時には見られなかった赤酒の製造現場も見せてもらった。かつては「肥後の伝統酒」だったものが今では「料理人さんの調味料」として広く認知されているというのもわかる。瑞鷹大吟醸・華しずく、瑞鷹大吟醸・玉瓶をはじめとして、芳醇辛口（日本酒度プラス５、酸度１・２）、超辛口（日本酒度プラス１０、酸度１・３）など、辛めとはいえ酒通には飲みごろの味の幅がある。また純米焼酎・太鼓判や、常圧蒸留の醇米焼酎・時のささやき、麦焼酎・異風者など焼酎圏に対応する味もスタンバイしている。

千代の園（山鹿市山鹿）　千代の園酒造（株）　☎０９６８（４３）２１６１

純米酒の造りは戦後、全国でも最初ではなかったか。会長は県の酒造組合会長や３４年前に発足した純粋日本酒協会では二代目の会長も務めた。山鹿といえば旧盆の山鹿灯籠祭りが有名だが、かつて菊池川の水運で栄えたこの町ではそれで繁盛した商家を散策する「米米惣門ツアー」というのがいい。千代の園の酒蔵とそばの清流荘鹿門亭をスタートして、昔の芝居小屋・八千代座までの2時間のコースがおすすめだ。

千代の園では純米大吟醸・千代の園、特別純米・朱盃、純米吟醸・神力をはじめとして、甘夏ミカンのリキュール・初恋、それに赤酒までスタンバイしている。ここの酒質はゆったりとした味の幅の中に微細な風味の広がりがあるところがにくい。そんな酒が陳列された棟続きにある記念館は開放されていて、米米惣門ツアーの起点ともなっている。

霊山（阿蘇郡高森町）　山村酒造(名)　☎０９６７(６２)０００１

霊山が古くからのラベルだが、今は「れいざん」と平仮名が使われることも多い。

純米酒の３００ミリリットル瓶に付けられたラベルの「れいざん」の部分には斜めに右上がりの線が入っている。蔵元によれば、酒を飲んでいない時にはこの線がそのとおりに見えるが、酔いが進んでくるとこれが真横の線に見える由で、酩酊度のバロメーターとか。原酒は原酒豪快、生貯本醸造は淡酒爽快のサブタイトルが付けられている。

なにしろ阿蘇といえば九州を代表する名山だが、ここはまた九州

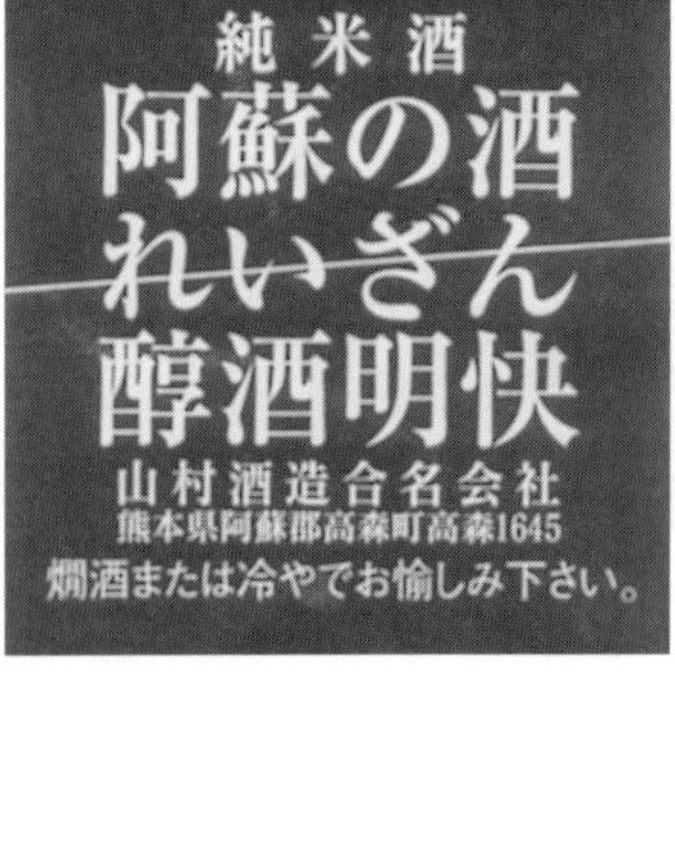

の中央に位置する水甕でもある。酒蔵は標高５５０メートルのところにあり、仕込みに好適な軟水を使ってしっかりとした辛めを醸している。見学客の応接間には１０５歳まで長寿を保った曾祖母の油絵が掲げられていて心和む。阿蘇へ出向いた際には立ち寄ってみるといい。

熊本では城のそばの熊本ホテルキャッスルに宿泊したが、ここのロビーには故・黒沢明が『影武者』で月の城のモデルとした際の絵コンテを拡大した熊本城の絵が飾られている。

これが築城されてから平成１９年で４００年になるということで、年明け早々から大々的な記念催事が企画されている。なにしろ城のスケールとしては姫路城をはるかに凌ぐ広さである。催事には酒がつきものだけに、さて、この機会に熊本県の日本酒がどれほどアピールできるか愉しみである。

東京・銀座にある「熊本館」には、熊本県産の酒が全部揃っている。東京に近く、熊本まで足を伸ばす機会のない人はせめてここをのぞいてみられるといい。馬刺しや辛子レンコンなど、酒の肴もバラエティ豊かに熊本の味が揃っている。

長野県でも地酒の消費率の高い諏訪地方

長野県には酒造免許をもつ酒蔵は９７あるが、実際に造っているのは７９である。長野県というところ、昔から長寿の郷としても知られている。長寿たるためには相応の生活環境と、飲、食などの条件に恵まれているはずだ、と思っていた。

今回訪ねたのは長野県でも諏訪湖とその周辺の酒蔵だが、なるほど、清浄な環境のこの一帯は温泉の湯量も豊富で民家にも温泉が行き渡っているし、飲、食の恵みも申し分ない。そのような環境で造りに励む６軒の蔵元を巡ってみた。

麗人（諏訪市諏訪）　麗人酒造（株）　☎０２６６（５２）３１２１

この蔵元の当主が現在の長野県酒造組合の会長を勤めている。酒蔵の創業は寛政元年（１７８９年）で、これはフランス革命の年でもある。

酒造りには常に積極姿勢で、熟成酒を手がけるのも早かったし、地ビールの取組みにも地元では先駆けた。今は開発されたばかりの長野県の新酵母に挑戦する意気込みやよし。

越冬譜と名づけた長期熟成酒は２５年物から２０年物など順次揃っているが、シェリー酵母による酒古里《しゃぶり》・２１年熟成が酒落ている。メイン銘柄は麗人だが、鑑評会出品酒の希《のぞみ》をはじめ、地元の美山錦による大吟醸や純米吟醸の諏訪浪漫、純米吟醸の霧ケ峰の風、燗に

もいい大吟醸・和《なごみ》寛《くつろぐ》など、全体によく味が乗っているから試されたい。

舞姫（諏訪市諏訪）　舞姫酒造（株）　☎０２６６（５２）００７８

１０年余り前に訪ねた時の雨宮武治杜氏はすでに引退していて、その杜氏のもとの頭だった中村清輝氏が後を引き継いでいた。

舞姫のラベルの中には故・川端康成の書簡を写したものもある。原料米には山田錦、美山錦、それに岡山の雄町も使っている。舞姫が銘柄のメインだが、８年前から翠露《すいろ》を打ち出した。これは舞姫に比べると少々香りのあるすっきりタイプで、クチコミで広がっているようだ。この銘柄では大吟醸中取り生原酒、辛口純米酒、無濾過生原酒ほか数種類の製品を出している。この他、大吟醸の斗瓶囲い、桜風、純米の自然酒、五年古酒、本醸造の亀泉などバラエティは豊かだ。前記の麗人とは数軒離れたところで、いずれも仕込水は地下伏流水の超軟水である。

真澄（諏訪市元町）　宮坂醸造（株）　☎０２６６（５２）６１６１

東京でもよく見かける真澄だが、地元消費が約半分、残りの県外出荷のうちの一部は海外へ出ている。「日本酒を世界酒に！」という前向きな姿勢がいいではないか。

この酒蔵をはじめて訪ねたのは３０年以上も前のことで、夢殿と

いう風格のある限定品の大吟醸が誕生したばかりの時だった。その後から、純米大吟醸・山花や山廃純米大吟醸・七號などの銘酒が続いて出てきた。

　諏訪市元町の本社蔵の一部を10年ほど前に改装して、気軽に立ち寄れる展示、試飲の設備を整えて、全製品はもとより酒の肴や酒器なども揃えてある。試飲の中では、日本酒度マイナス70、酸度6、アルコール5%の花まるが変っていて面白い。冷蔵庫で半ば凍らせて飲めば妙味がある。

御湖鶴（諏訪郡下諏訪町）　菱友醸造(株)　☎0266(27)8109

　小粒ながら4年前から新体制でスタートした蔵元である。

　諏訪といえば御柱《おんばしら》が有名だが、その木落し坂に近いところの天然水である黒曜水を運んできて、仕込水としている。その水源の下流で育つヨネシロという食用米を使った純米酒（精米65%、日本酒度プラス4、酸度1・9、アルコール16・2%）のしゃきっとした風味が酒好きに受けているようだ。

　山田錦による純米吟醸の黒ラベルや金紋錦による純米吟醸の緑ラベルの他、茶ラベル、白ラベル、青ラベルなど製品によってラベルを色分けしているアイデアもいい。何しろ若手のスタッフだけに溌剌としている。「体験を大切にしたい」、「こだわりを貫いて魂を燃やし続ける」との言やよし。

神渡《みわたり》（岡谷市本町）　(株)豊島屋　☎0266(23)1123

　厳寒の諏訪湖に張った氷が盛り上がる「御神《おみ》渡り」と呼ばれる現象に由来して命名されたこの酒、

岡谷の蔵元の歴史は百年を超える。柿渋など塗られた重厚な酒蔵の雰囲気には見学客も圧倒されるだろう。

地元で晩酌用に好まれる日本酒度プラス2～3、酸度1・2ほどの穏やかな酒をはじめとして、ここでも県産米をうまく使いこなしていた。また豊香という文字どおりふくよかな酒が東京などの有力酒販店や一部の百貨店、問屋にも限定銘柄で出ている。岡谷はウナギでも有名である。神渡には諏訪湖太郎とネーミングした辛め仕立ての酒もあって、ウナギと実によくマッチしていた。これを味わったと階《きざはし》いう店には珍味ともいえるイナゴの佃煮も添えてあった。

ダイヤ菊（茅野市）　ダイヤ菊酒造（株）　☎０２６６（７２）２１１８

かつては「東京の酒の百本に一本」とＰＲしていたことがあった。蔵元の先代が東京市場を調査して、「確かに1％はある」と確信したことから出したキャッチフレーズだった。しかし、現在ではすっかり「量より質」に転換している。今の当主は百貨店勤務が長かっただけに視点はシビアであり、酒蔵も隅から隅まで細心の注意を払って手直しをして改造した。

現在のダイヤ菊は全体的に酒好き向きの味といっていいだろう。日本酒度プラス８、酸度１・５程度の辛口の酒といってもそれほどの辛さを感じない。当主は「美山錦、精米４９％の純米大吟醸で、香りよりも味にポイントを置いたのを出したら、長野酒メッセの展

示などでもとても好評でした」と言う。酒蔵に隣接する「酒蔵園」という試飲もできる資料館があるが、見学は事前に連絡が必要。

同業者が集まる酒どころではとかく足の引っぱり合いが多いものだが、ここ諏訪地方ではそれがない。お互いに立て合う雰囲気がいいのである。

第六章　ビールの技術はここまで進んだ

平成１３年（２００１年）に『人気のビール、地ビール、発泡酒がわかる本』（辰巳出版）というムックを監修した。その当時には、第三のビールなどというのはなかった。安いビール風味の飲料が市場を席捲してきたのはご存知のとおりであるが、最近になって、高価なビールの売行きが顕著になりはじめたのだから面白い。この現象が日本酒とも連動すればなお面白いが、これを景気回復の一端と見ていいだろうか。

ところで、地ビールの誕生は平成６年（１９９４年）の細川内閣時代の規制緩和による酒税法改正に始まった。それまでは２０００キロリットル以上造ることがビール免許の条件だったのが、６０キロリットルでもＯＫになったのだ。そこで全国で地ビールの旗上げが見られ、一時は３００を超えるメーカーが名乗りを上げた。

しかし、バブルの後で景気が芳しくなくなったところへ大手から発泡酒や第三のビールと安い製品が続発されると、そちらへ乗り換えるドリンカーも増えて割高感のある地ビールから離れる風潮となったのである。全国的に見ると、第三セクター方式でスタートしたようなところでの地ビール業者の廃業が目立つようだ。日本酒の蔵元の始めたブルワリーのように、ある程度の含み資産のあるところでの廃業は少ないのだが……。

そこで、２００６年半ばにビール大手４社と地ビールの動向を、それぞれのメーカーの製造責任者に取材してみた。

ゆとりの味わいを演出　アサヒビール

和歌山県出身で京大を出てからはアサヒビールの技術一筋の岩上伸・執行役員生産本部長は、ご当人の弁によればまさに「団塊の世代」の５７歳。

「５０代、４０代、そして私の世代のような中高年層にはぴったりのもので、ゆったりした気分でリラックスして飲めるビールだと思います」と言う。

6月末に発売のプライムタイムは、スーパードライのクリア感とシャープ感とは対極の内容といえるだろうか。発酵を高め、炭酸ガスを高めたスーパードライとは趣きを変えて、苦みも炭酸ガスも下げたこのプライムタイムの風味は、従来のアサヒビールの概念を塗り変えた感じさえする。

岩上氏の海外歴は1年間のミュンヘンでの勉強の後、カナダ、オーストラリア、さらに中国で技術指導などに当たってきた。その豊富な経験からこのプライムタイムは「ビールの味をよく知った方に飲んで頂きたい」とも言う。

苦味価《くみか》（ビールから抽出した液を分光光度計で分析したイソフムロンなどによる苦味《にがみ》の度合いを数値で示すもの）をスーパードライ（苦味価は２０）の3分の2程度に抑えてあるからしっとり感がある。あまり冷やさずゆっくりと味わいながら飲むのに相応しいビールと言えるだろうか。また、仕込みの工程での高温短時間仕込法によって麦芽の旨みを引き出すなど、アサヒビール独自の技法も生かされている。

プライムとは「貴重な」とか「最上の」などの意味があるとおり、造り手はドリンカーに「最上の時間を過ごして頂くビール」として命名した由である。また、ビールの鮮度にこだわることから、アサヒではかねてよりフレッシュな状態での流通をも心掛けてきた。

岩上氏との話では、旨味を演出するには注ぐ技術も大切というのが出た。かつて八重洲口に近いところに、私も面識のあった新井徳司という今は故人となったビール注ぎの名人がいた。そのお弟子さんが新橋で開業しているとか。いずれ訪ねてみたい。

チルド流通はどぶろくの風味　キリンビール

技術開発部醸造研究所の小川豊所長は、商品開発のためにマーケティングには常に目を光らせている。かつての地域限定ビールやキリンドラフト、一番搾りの他、数多くのキリンの製品の開発にタッチしてきたうえにマーケティングに専従したキャリアもある。

「ひと昔前でしたら、ある程度『このへんかな』と計算したものを造れば大勢のお客さまに満足して頂けた感じでしたが、近頃ではお客さまの好みが多様化してきましたからね、それにつれて商品の幅と価格の幅が広がってきましたが、技術の幅も広がったという印象です。ビールのビールらしさは、主原料である麦芽と隠し味としてのホップでしょう。発泡酒が出てきて麦芽が減り、のど越しもビールのようにはいかない。そんな中でどうすればお客さまに喜んでもらえるか、というのが問題ですね」。小川所長はいかにも学研肌の印象で、話が理路整然とし

ている。

「麦芽はデリケートな酵母にとって大変おいしい栄養のある食べものなんですね。ところが、発泡酒なんかで麦芽が減ってくると『酵母の健康状態』も変わってくる。そのへんをどうサポートしていくか、というのが技術の見せどころでして……」。そんな発泡酒などについてのビールの応用篇を微細に語ってくれた。

キリンの製品群は多いが、変り種としてここでは生きた酵母のチルドビールこと、いわばビールのどぶろくについて説明しておこう。これは一番搾りをさらにプリミティブに特徴づける無濾過一番搾り、スキッとして爽やかなまろやか酵母、文字どおり味わいの豊かな豊潤、ホップのほろ苦さが生きるゴールデンホップの４種がある。３３０ミリリットル１２本が１ケースで、賞味期限は６０日間。冷蔵庫での保管が必要。小川氏は現在、キリンビールの原点ともいうべきスプリングバレーも造る横浜工場のテクニカルセンターに常勤して研究開発の第一線に立っている。

連続金賞の誇りで　サントリービール

５年ぶりに武蔵野工場を訪ねてみると、玄関口に２００５、２００６年と続けて日本では初のモンドセレクションで最高の金賞を受賞したプレミアムモルツの賞状と製品がガラスケースの中に収められ、そばの土産コーナーにもプレミアム関連のグッズが並んでいた。そのプレミアムモルツの醸造技師長である猪澤伊知郎氏は兵庫県竜野の出身で、広島大学発酵工学科を出てから技術畑一筋である。その猪澤氏が言う。

「受賞式のブリュッセルへ行かせて頂きましたが、ピルスナーの王道をいった本場で連続して認められたのが何よりも嬉しかったですね」。

この工場のことでは拙著『本場ビールと穴場ワインの旅』（時事通信社）の中に「ここでは5キロリットルの仕込みを行っている。大阪にある同社のビール研究所の仕込み量は２００リットルである。そこで実験されたものを、いきなり１０万リットルの大型仕込みに適用するのはあまりにリスクが大きい。そのための中間の実験プラントの役目もあり5キロリットルの工場ができた」という下りがあるが、それは今も変わらない。ただ、以前はそれほど目立たなかったものに「水」の訴えがあった。地下１５０メートルからの伏流水は、むろん塩素処理など行っていない天然水でありミネラルやイオンなどのバランスが絶妙なことが表示されていた。

ここのミニブリュアリーでは、こだわりのビールとしてアルトなども生産している。アルトはドイツ語で「古い」という意味で、ホップの香りが強く、やや赤みがかって個性的だ。このような製品は、特定のパブなどへだけ出している。関心のある向きのために店名を記しておくと、英国風パブ「ローズ＆クラウン」の有楽町店、秋葉原店、神田店、赤坂店などで、いずれも客単価２５００円程度の気軽なパブである。

猪澤氏はプレミアムモルツの実績を「いろいろと手をかけてやるべきことを突きつめるところに技師としての生き甲斐を感じる」とも言った。

「協働契約栽培」に力点　サッポロビール

サッポロビールでは「オーストラリア大麦担当フィールドマン、原料グループリーダー」の肩書きを持つ大串憲祐氏と面談した。日本酒でも原料にこだわる蔵元が、稲作はもちろん、その稲を育てる土壌にまで注意を払うように、彼はこの肩書きでサッポロビールの縁の下の力持ちの役を担っている。

当社ではかねてより原料へのこだわりは強かったが、このフィールドマンの名称がスタートしたのは２００３年からで、今では１５名のフィールドマンがいる。この人たちが世界に広がっている大麦やホップの生産者と「協働契約栽培」をしている。「土壌のチェック、種蒔きに始まって、年に３回は生産者のところへ行って、収穫の後にはミーティングもやります」と大串氏は言う。

近頃では消費者に食品の安全性、信頼性のチェックを示す一例として、生産者の顔写真、プロフィールなどを添えたＰＯＰをよく見かけるが、これはまさしくビールのそれであろう。

サッポロビールの売れ筋四本柱といえば、黒ラベル、ヱビス、ドラフトワン、生絞り・雫で、総量は７０１０万ケース。そのうち黒ラベルは２５００万ケースで、缶の表示に「大麦、ホップ協働契約栽培１００％」と記してある。

ビールに対する好みはいろいろだが一部には苦いとか重いという向きもある。それに対するスッキリ系の味として打ち出しだのがドラフトワンでありこれは評価を得た。その一方で濃いめの味を求める風潮もあり、これに対応する製品として打ち出したのが生絞り・雫である。さらに飲みごたえのあるものとしてヱビスがあり、ロングセラーの黒ラベルもすっかりお馴染み。

本社屋に隣接する「麦酒記念館」には数年ぶりに立ち寄った。ＰＲ用のポスターに歴代のＣＭ女優が並ぶ中に石原裕次郎と三船敏郎の二人の男優が目立つのは昔のままだが、マジック・ミニ劇場、土産物コーナまで、なかなか充実していた。入場は無料。

「プレミアムビールは我々が先駆者」と　全国地ビール醸造者協議会

２００６年６月１２日に南青山会館で全国地ビール醸造者協議会の通常総会が開かれ、別表のとおりの新役員が決定した。

同会会長の毛塚茂平治氏によれば、「そもそもわが会は日本でのプレミアムビールのいわば先駆者なんですから昨今の景気の回復とともにプレミアムビールが見直されているこの機会に、一致団結して立ち上がろうと思っています。地ビール㖨酒講座や鑑評会、さらに原料、製法などロマンあるストーリーの展開も考えています」とのことである。現在の会員ブルワリーは８１社で、どのメーカーも熱意に燃えている。０７年６月には日本版オクトバーフェストも開催の予定である。

ところで、わが国のビールは他の国と比べてめっぽう税率が高い。５月の税制改正で若干下ったものの、かつてのわが国のビールは税金が半分近くを占めていたこともあった。税金が高いと言われるイギリスでも３６％、フランスで２７％、ドイツで２２％、アメリカは１７％の時、わが国は４７％だったのである。これではかなわん、とメーカーでは麦芽を減らすなどの工夫で税率の低い発泡酒を開発した。

これが値段の安さで当たった。すると酒税を召し上げる側では、それに相応に課税した。メーカーはさらなる工夫で「豆」を原料とするものなど、いわゆる第三のビールを出した。これもまた当たった。するとまたまた税金の追い討ちである。何しろ、税金を取りやすいところから取るのがお上の姿勢であることに変わりはない。しかも今回の税制改正では、これからは珍種の原料での発泡性の酒造りには目を光らせる、という通達である。

全国地ビール醸造者協議会の役員等名簿(平成18年度)

北海道	オホーツクビール(株)	水元　尚也	副会長
群馬県	龍神酒造(株)	毛塚　茂平治	会長
新潟県	新井リゾート開発(株)	黒河　薫	副会長
東京都	石川酒造(株)	石川　太郎	副会長
東京都	(株)多摩ブルワリー	黒田　泰光	理事
神奈川県	黄金井酒造(株)	黄金井　康巳	副会長
静岡県	(株)浜松アクトヒールコーポレーション	中山　和彦	監事
京都府	黄桜酒造(株)	井上　佳彦	理事
京都府	羽田酒造(有)	羽田　裕	理事
滋賀県	(有)南海	原　洋子	副会長
兵庫県	小西酒造(株)	小西　新太郎	副会長
鳥取県	久米桜麦酒(株)	田村　源太郎	理事
岡山県	(合資)多胡本家酒造場	多胡　幸郎	理事
岡山県	宮下酒造(株)	宮下　附一竜	相談役
愛媛県	水口酒造(株)	水口　義継	理事
愛媛県	梅錦山川(株)	山川　浩一郎	理事
大分県	ゆふいんビール(株)	小野　正文	副会長
鹿児島県	薩摩麦酒(株)	黒岩　義勇起	理事
沖縄県	ヘリオス酒造(株)	松田　亮	理事
	松本猛公認会計事務所	松本　猛	顧問
	アオイ＆カンパニー(株)	青井　博幸	顧問
	JTB団体旅行銀座支店	石川　智康	顧問

あとがき

著述で留意すべきは「時」の表現ではないかと思う。

恒久不変のテーマならばさほど気にすることもないと思うが、年、月、日を明記しすぎると、時間が経てばその話が古くなることの懸念から、本によってはその点をぼかしてあるものも少なくない。

しかし、「時」を明示することなしに情報は語れない。したがって、本書は2006年の暮れまでの酒業界の動きとして捉えてあり、それまでに時々刻々変わっていく様子を体験に基づいて表現した。これは今後とも私の生命の続く限り書くつもりだから、これも酒の歴史の一頁ではないか。2000年に『金賞酒』という全国新酒鑑評会を十余年にわたって取材した本を上梓したが、その後の全国新酒鑑評会の一般公開についてはそれに続く別の本の中に流れを収めておいた。酒ジャーナリストとしては、情報には常に敏感でありたい。

冒頭でも触れたように、現在の酒業界の動きは実にめまぐるしい。明日の予断も許されないところがある。蔵元や流通のデモンストレーションはさらに度を増すであろうし、各蔵元のいき方も変化していくだろう。

ただ、日本酒の海外進出については2006年の暮れになって興味あるデータが出された。これは岡山市にある中国四国農政局が、わが国での424人の中国人留学生と83人のアメリカ人教師を対象にアンケートをとったものである。この回答によると、中国人は日本酒を母国に持ち帰りたいという贈答用を考えている向きが多く、アメリカ人は習慣的に日本酒を飲む割合が多いというものである。これを見ても、アメリカでの日本酒の伸びの高いのがわかる。

酒蔵探訪については、どの蔵元も長所があれば短所もある。そんな中で努めて長所をクローズアップして書いたのを汲み取っていただけると思う。つまりこの酒はここがいい、という話である。ドリンカーにとっては酒蔵の大小は関係なく、中身こそが問題なのだ。したがって、どの蔵元も同じスペースを割いて紹介してある。この姿勢は今後も続けたい。

ところで、蔵元を訪ねてみると、「国酒」の色紙が飾られているところが多い。日本酒造組合中央会が時の総理大臣に揮毫を依頼して続けてきたもので、写真は静岡県磐田の千寿の応接室に並んだ福田元総理以降の歴代の総理大臣によるものである。当然、総理には十分に国酒の認識を持って頂くように中央会は要請しているはずだが、行政面でそれがどれほどの効果を上げてきたか？　歴代の総理の色紙を振り返ってみると、日本酒の行政に「劇的」といえるほどの力量を発揮してくれた総理は見当たらない。書いて残るものには責任を持っていただきたいと思うのだが……。

ビール類似品として登場した発泡酒については、

歴代の総理大臣が揮毫の「国酒」

「筆者自身、発泡酒の愛飲者であるが、苦味が弱く、淡麗な発泡酒は食中酒として料理の邪魔をしないのも消費者に受け入れられた原因かと思う」[『日本醸造協会誌』(2006年12月号)の斎藤富男氏の論文より]とあるように、日本人の味覚に合う風味として認識されたことによる広がりという説もある。麦芽100%のビールは確かに旨い。しかし、和食の食中酒にはビールの若干のこくよりも発泡酒の淡麗さの方がベターというのも見識だろう。

日本人の嗜好が欧米などの影響で脂っこい方向へ変わってきたとはいえ、このような事例を見ても、この環境風土の中に根ざした淡泊嗜好はそれほど変わっていないと思うのだが、どうだろう。

焼酎については、いっときのブームは沈静化したようである。それはそうだろう。売れるとあって洋酒業界までもがどっと焼酎に乗り出して、一時は酒売場に焼酎が溢れていた。どんなブームにも必ず反動はある。

昭和60年に中央公論社のムック『焼酎の研究』を私が監修した際には、九州の焼酎どころから沖縄の泡盛までカメラマンを同行して隈なく巡った。あれから20年経ってのブームの再現であり、このようなリバイバル現象は酒業界ばかりでもなかろう。

ただ一つ言えることは、何事も極端な方向へ傾いたものにはその反動があるもので、前記の淡麗も度が過ぎると、そのリアクションがあるのは自明の理だということである。

閑話休題——ここで、当書が刊行された経由について触れておく。

2006年の春にお堀傍のパレスホテルで、大塚謙一氏の『酒の履歴』の出版記念会が開かれた。いうまでもなく、大塚氏は元国税庁醸造試験所長など歴任され、勲三等瑞宝章を受賞された醸造界の権威であり、とりわけワインにはお詳しい。そこで山本博氏や戸塚昭氏などとご一緒に、私もその出版記念会の発起人を務めさせていただいた。

はじめには乾杯の音頭を頼まれたのだが、何しろワイン関係者の列席が多い中ながら、「日本酒で乾杯100人委員」などという肩書きを頂戴している立場上、ワインで乾杯とはいかないではないか。そこで挨拶だけにさせていただき、来賓代表で月桂冠の栗山一秀氏、乾杯は大塚氏と同じ甲子《きのえね》の年生まれのニッカの竹鶴威氏、そして中締めは大塚氏と同じく元醸造試験所長の秋山裕一氏だった。田崎真也氏なども含めた舌の肥えたワイン専門家が多いから、国内外の内容の濃いワインが多く並んでいたが、そんな中には極上の日本酒も何点かスタンバイしていたので、私は「月の桂」で乾杯した。

和気藹々のうちに二時間ほどの宴席はお開きとなったが、この『酒の履歴』の版元が技報堂出版で、その編集を担当された小巻慎氏がこのようなご縁から本書の編集にも当たって下さったという次第である。

別のページにもあるとおり、この出版社では醸造界の権威の方々の書を出しておいでであり、どちらかといえば技術専門書が多いだけに、当書は異色といえるかも知れない。前述の通り、業界の情報を盛ることに留意したあまり、小巻氏には何かと編集のお手間をおかけした。厚く御礼申し上げる次第である。

初出誌一覧（五十音順）

『ＦＢＯ』、料飲専門家団体連合会、Ｗｅｂ情報より
『ガストロノミーレビュー』、料飲専門家団体連合会、２００４年冬号～
『企業実務』、日本実業出版社、２００４年７月号～
『実話ドキュメント』、竹書房、２００４年７月号～
『醸界春秋』、醸界通信社、２００７年２月号
『酒販店経営』、流通情報企画、２００６年秋号
『焼酎の研究』、中央公論社、暮らしの設計・２４号
『日本酒とマスコミで付き合って三十六年』、日本醸友会、２００５年講演
『日本醸造協会誌』、財団法人日本醸造協会、２００５年１０月号
『美酒の条件』、時事通信社

著者紹介

山本　祥一朗(やまもと　しょういちろう)

1935年岡山県生まれ。東京農工大中退、早稲田大学第一文学部西洋哲学科卒。1968年の処女作以来、『美酒の条件』(時事通信社)、『美酒との対話』(時事通信社)、『本場ビールと穴場ワインの旅』(時事通信社)、『酒飲み仕事好きが読む本』(三笠書房)、『焼酎の研究』(監修、中央公論社)、『日本酒を愉しむ』(中央公論社)ほか多数。近年では、『知って得するお酒の話』(実業之日本社)、『お酒のいまがわかる本』(実業之日本社)と続いて、当書がちょうど50冊目となり、大半が酒をテーマとしている。
日本文芸家協会会員。

日本酒党の視点　　定価はカバーに表示してあります。

2007年2月20日　1版1刷発行　　ISBN978-4-7655-4455-9 C0063

著　者　山本　祥一朗
発行者　長　滋彦
発行所　技報堂出版株式会社
〒101-0051　東京都千代田区神田神保町
1-2-5(和栗ハトヤビル)
電　話　営業　(03)(5217)0885
　　　　編集　(03)(5217)0881
FAX　　(03)(5217)0886
振替口座　00140-4-10
http://www.gihodoshuppan.co.jp/

日本書籍出版協会会員
自然科学書協会会員
工学書協会会員
土木・建築書協会会員
Printed in Japan

印刷・製本　美研プリンティング